手绘服饰百科全书

一本跨世纪的时尚笔记

内含35张服饰填色画，让你边涂色边认识各种服装及配饰

【英】娜塔莎·斯利 著／【英】贝卡·斯坦兰德 图／王施佳 译

上海人民美术出版社

如何使用本书？

选择一幅插画

本书共有35幅插画，涵盖了从20世纪初到当代的各类美丽服饰，既有华丽的衣着、艳丽的珠宝，也有羽毛点缀的帽子、醒目的高跟鞋。还在等什么？赶快选一幅画，开始创作吧！

为插画填色

这不仅是一本填色书，它还有很多有趣的小知识等待你去发现和了解。每一页插画的背面都介绍了各种服饰的有趣特征。然而，我们大可不必局限于此，尽情使用彩笔，放手创作吧！

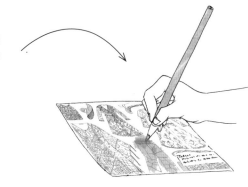

剪裁、裱框

书中任何一页纸都是可以被裁剪的。随后，一幅由你亲自创作、独一无二的艺术品就此诞生啦！请把它挂在墙上，或赠送给亲朋好友。

图书在版编目（CIP）数据

手绘服饰百科全书：一本跨世纪的时尚笔记 /（英）娜塔莎·斯利，（英）贝卡·斯坦兰德著；王施佳译.——上海：上海人民美术出版社，2017.6

（带一本书去博物馆）

书名原文：Fashion from Head to Toe

ISBN 978-7-5586-0228-3

Ⅰ.①手… Ⅱ.①娜… ②贝… ③王… Ⅲ.①服饰-历史-世界-普及读物 Ⅳ.① TS941.74-49

中国版本图书馆 CIP 数据核字 (2017) 第 032422 号

手绘服饰百科全书： 一本跨世纪的时尚笔记（带一本书去博物馆）

著　　者：	[英]娜塔莎·斯利
插　　图：	[英]贝卡·斯坦兰德
译　　者：	王施佳
责任编辑：	徐　捷
文字编辑：	茉　苣
装帧设计：	刘　旻　罗小函
封面设计：	张俊珺　陈　洁
技术编辑：	朱跃良
版权经理：	徐　捷

出版发行：上海人民美术出版社

（上海长乐路 672 弄 33 号）

邮编：200040　电话：021-54044520

网　址：	www.shrmms.com
印　刷：	广东惠州博罗园洲勤达印务有限公司
开　本：	889 x 1194　1/12　6 印张
版　次：	2017 年 6 月第 1 版
印　次：	2017 年 6 月第 1 次
书　号：	ISBN 978-7-5586-0228-3
定　价：	58.00 元

1.蕾丝扇

用鲜花和羽毛装饰。

2.紧身胸衣

圣德华时代的典型翘形。

3.羽毛帽

4.晚礼服

蕾丝和雪纺的结合，显得格外奢华，优雅。

5."羊腿袖"

袖子从肩部鼓起。

6.太阳伞

蕾丝伞面，用于夏季遮阳。

6.蕾丝手套

淑女们出门必备。

7.刺绣荷包

8.路易高跟鞋

经过修饰的足部在长裙下若隐若现。

美好时代（1890年—1914年）是欧洲的黄金时期，指从维多利亚时期到第一次世界大战前。和平与繁荣的盛世，使得时尚与艺术蓬勃发展，似繁花般盛开。

1. 蕾丝扇

在夏季或社交场合中，淑女们总是穿着层层叠叠的紧身衣，这时，蕾丝扇可以赶走闷热。蕾丝扇的扇骨由贝壳制成，扇面常以鲜花和羽毛作为装饰。

2. 紧身胸衣

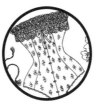

爱德华时代的女性需要穿多层内衣：先是棉质的伞裙和衬裙，再是紧身蕾丝胸衣。紧身胸衣通常由钢丝和去骨织物片制成，能帮助女性塑造出S型的身体曲线。

3. 羽毛帽

爱德华时代的女性总是戴着宽檐帽，装点以真实的鸟类羽毛，并用帽夹固定在蓬松的头发上。这股风尚使一些鸟类濒临灭绝，所以羽毛帽在美国是被禁止的。

4. 晚礼服

最精致的晚礼服总是出自巴黎设计师之手，如杰克·杜赛（Jacques Doucet）等。晚礼服外观优雅，用飘逸的蕾丝及雪纺制成，配上浅色系的钉珠和刺绣，工艺复杂、十分奢华。

5. "羊腿袖"

1900年左右，衣袖从窄袖演变成肩部鼓起的"羊腿袖"。社会对女性服饰日趋中性化的接受，揭示了女性社会地位的改善。

6. 蕾丝手套和太阳伞

淑女们一旦离开屋子，就会戴上手套。在某些特殊场合，她们还需戴上装点有刺绣的真丝手套。夏天，她们会带上太阳伞以防晒伤，因为在那个年代雪白的皮肤是财富的象征。

7. 刺绣荷包

法国新艺术风格的灵感来自于自然。淑女们离开房间时，通常会带上绣着新艺术风格花朵的小荷包，用于携带一些出门必备的小物件，比如：手帕、笔记本和铅笔。

8. 路易高跟鞋

鞋的名字取自于一位18世纪的法国国王。优雅的路易高跟鞋在整个"美好时代"经久不衰。长裙下，鞋尖若隐若现，鞋跟精细，鞋面上配有缎面蝴蝶结。

1.网球套装

2.浴衣

3.路易带跟靴

4.女式套装

5.皮手套

6.乘车女帽及面纱

7.皮质手提包

户外运动（1890年—1914年）随着女性更积极地参加网球、骑马等户外运动，时尚潮流也开始顺应运动的需求，但款式仍较为保守。

宽下摆女裙，更适合打网球。

红色或蓝色的浴衣。

用纽扣代替鞋带。

自1910年起，作为日常服装开始流行。

户外运动的配饰。

保护面部免受灰尘和烟雾的侵扰。

内部有许多夹层。

1. 网球套装

女性既想参加体育运动，又必须严严实实地裹起来。这款网球套装，配上一顶草帽，是典型的19世纪装扮。高领衬衫，搭配离地仅1英寸的长伞裙，适宜小幅度的运动。

2. 浴衣

浴衣必须十分端庄，虽然这会不太舒适。及膝的羊毛裤和短袖上衣，一旦弄湿就会变得很重。浴衣以海军色（蓝色和红色）居多。

3. 路易带跟靴

骑马等外出活动需要配备长靴，于是独特的路易低跟长筒靴成了时尚的宠儿。随着女性裙摆的变短，靴子变得更为精致，皮质鞋尖的色彩也更丰富。

4. 女式套装

女式套装，面料柔软、舒适。自1910年起开始流行，成为女性的日常服饰。这一时期，女权主义空前发展，女性开始争取自己的投票权。

5. 皮手套

当时，人们认为女性不能裸露着手臂外出，因此她们会戴上手套，保持优雅。长袖手套的袖笼上，通常会饰以不同的花纹。

6. 乘车女帽及面纱

当时车子是奢侈品，只有富人才能拥有，是地位的象征。乘车出行时，服装要能经得住风雨及灰尘。系带女帽，能保护面部；而防尘外套，则能保护裙装。

7. 皮质手提包

随着旅行机会的增多，人们迫切需要时尚的行李箱。箱包的品种变得丰富起来，既有能放进整件衣服的大型箱子，也有专门为帽子、鞋子、化妆品设计的盒子。手提包越来越大，看上去像迷你行李箱，边角用银质配件加固，内部有许多夹层。

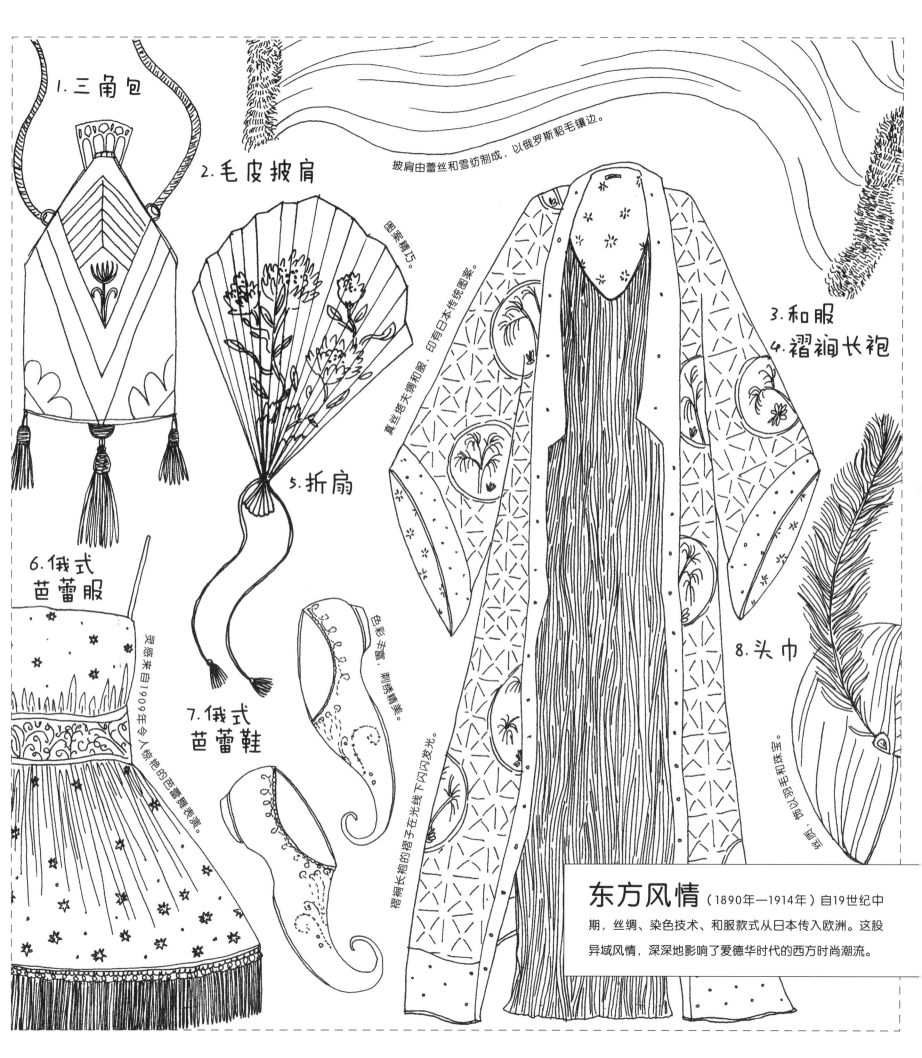

1. 三角包

2. 毛皮披肩

披肩由蕾丝和雪纺制成，以俄罗斯貂毛镶边。

3. 和服

4. 褶裥长袍

图案精巧。

真丝塔夫绸和服，印有日本传统图案。

5. 折扇

6. 俄式芭蕾服

灵感来自1909年令人惊艳的芭蕾舞表演。

7. 俄式芭蕾鞋

色彩丰富，刺绣精美。

褶裥长袍的褶子在光线下闪闪发光。

8. 头巾

缀有羽毛和珠宝。

东方风情（1890年—1914年）自19世纪中期，丝绸、染色技术、和服款式从日本传入欧洲。这股异域风情，深深地影响了爱德华时代的西方时尚潮流。

1. 三角包

面料的色彩变得丰富多样，人们也开始接受宽松的廓形，新款的配饰应运而生。包被设计成充满异域风情的三角形款式，饰以刺绣、钉珠、流苏等。

2. 毛皮披肩

蕾丝或雪纺制成的披肩轻薄、飘逸，以珍贵的俄罗斯貂毛镶边。在舞会或宴会上，女士们穿着披肩，披肩从肩部垂落，造型优雅。

3. 和服

西方设计师对舒适的日本和服进行重新设计，保留了宽大的袖笼，下摆垂坠到地面上。面料为真丝塔夫绸，上面印有日本的传统图案。

4. 褶裥长袍

时尚界的又一次革新——没有紧身胸衣的裙装。褶裥长袍披挂在肩上，接缝处的玻璃钉珠增加了垂坠感，勾勒出整体身形。长袍的色彩鲜艳、多样。

5. 折扇

东方的折扇是一种带有异域风情的舶来品，非常流行。有些设计师会用折扇来做广告。折扇上描绘着精致的景物，堪称时尚和艺术的完美融合。

6. 俄式芭蕾服

1909年，第一场俄罗斯芭蕾舞表演在巴黎落幕后，时尚界立即卷起了炽热的"东方之恋"旋风。如保罗·波烈（Paul Poiret）等设计师创作了"灯罩式"束腰上衣和金色的灯笼裤。

7. 俄式芭蕾鞋

俄式芭蕾鞋的灵感来自东方服饰，但完全保留了土耳其舞蹈鞋的工艺。鞋子大多由色彩丰富的缎面制成，饰以金属线刺绣，鞋尖卷翘，引人瞩目。

8. 头巾

缺少真丝头巾的东方服饰，称不上完美。头巾上通常配有鸵鸟毛和珠宝。这股东方风潮使其他无檐帽也开始流行起来，比如：天鹅绒帽，造型简洁小巧，佩戴妥帖。

1. 缎带系带鞋

搭配肉色的长袜。

2. 人造树脂化妆包

用于存放化妆品。

3. 人造丝内衣

精致的、手工制作的内衣很时髦。

4. 人造丝系带外套

低腰线，衣长比上世纪更短。

5. 麝鼠皮草外套

战后，女性用战争期间积攒的工资来购买这类奢侈品。

6. 人造树脂串珠

由塑料制成，造型多样。

7. 弹力泳衣

首款流线型泳衣。

8. 编织帽

第一次世界大战期间，针织服饰很流行。

战后时期（20世纪20年代）战争期间，服装行业必须快速地生产出大量的军用制服。由此，大规模生产和新材料发展起来，随后也被应用于时尚产业。

1. 缎带系带鞋

缎带系带鞋通常搭配新颖的丝袜穿着。袜筒变长，颜色也不再是白色和黑色，首次出现了肉色丝袜。

2. 人造树脂化妆包

人造树脂是20世纪20年代出现的新材料，用于制作化妆包等手袋，包内放置唇膏。化妆品的价格越来越平易近人，粉底、眼线、睫毛膏成了最流行的单品。

3. 人造丝内衣

人造丝是一种丝质的人造纤维，自20世纪20年代起，开始流行，为那些买不起真丝的人提供了方便。人们用人造丝面料制作丝巾、女式衬衫、内衣及睡衣。

4. 人造丝系带外套

之前的S型廓形已经落伍，纤细、垂直的线条成为新的时尚。腰线垂到臀部，裙摆位置提高到小腿肚。人造丝外套腰间的系带位置较低，以突显新的腰线。

5. 麝鼠皮草外套

战后，在战争期间辛勤工作的女性用积攒下的工资购买海豹皮或貂皮大衣。这被视为艰苦战争后的挥霍，然而，就女性的财务独立而言，却向前进了一大步。

6. 人造树脂串珠

人造树脂串珠，有着各种不同的颜色和造型。人造树脂是20世纪20年代的新兴材料。珠宝设计师用它创作出各类图案、各种色彩的饰品。

7. 弹力泳衣

人们将针织技术运用于弹力运动衫的袖口，生产出了首款贴身的流线型泳衣。男款和女款都采用背心和短裤的两件式设计。那一时期，游泳成了一种风尚。

8. 编织帽

战争时期，女性会为战士们织毛衣。无论富人还是穷人都十分喜欢手工针织品。自此，针织的围巾、帽子、毛衫始终在时尚界占有一席之地。

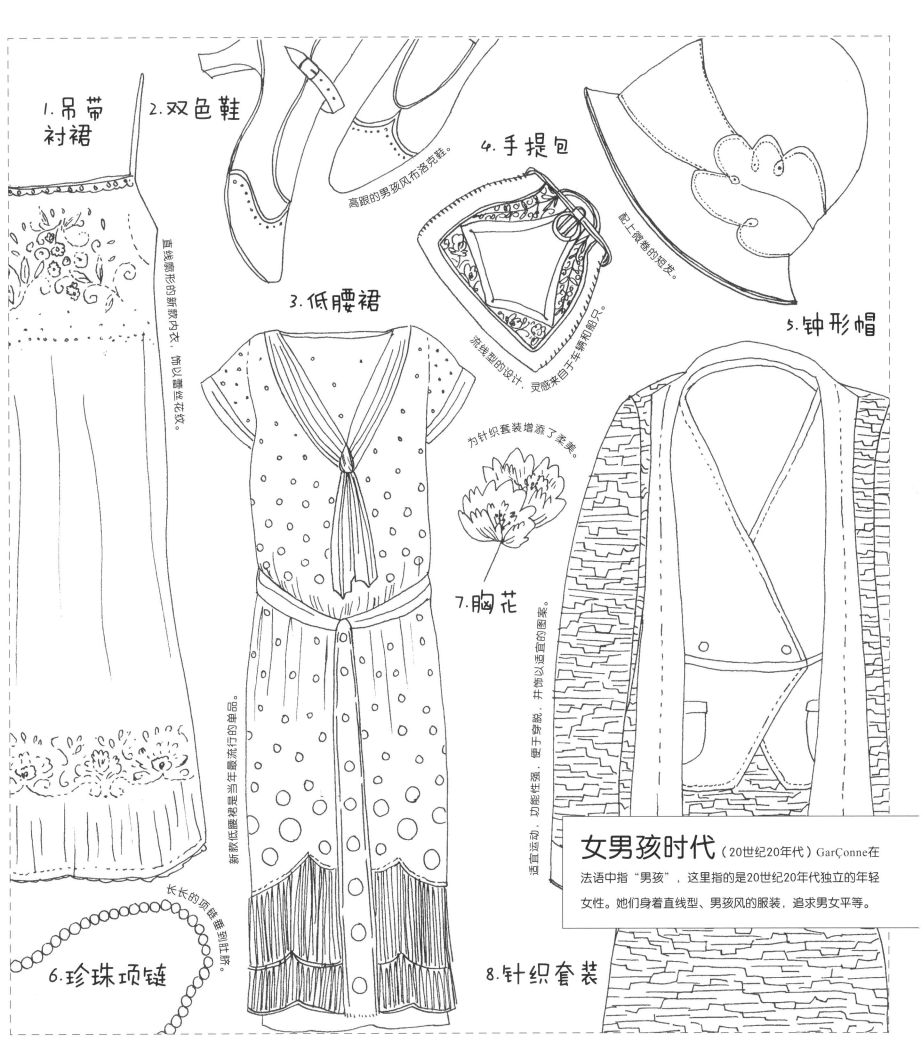

1. 吊带衬裙

直线廓形的新款内衣，饰以蕾丝花纹。

2. 双色鞋

高跟的男孩风布洛克鞋。

3. 低腰裙

新款低腰裙是当年最流行的单品。

4. 手提包

流线型的设计，灵感来自于车辆和船只。

5. 钟形帽

配上微卷的短发。

6. 珍珠项链

长长的项链垂到肚脐。

7. 胸花

为针织套装增添了柔美。

8. 针织套装

适宜运动，功能性强，便于穿脱，并饰以适宜的图案。

女男孩时代（20世纪20年代）GarÇonne在法语中指"男孩"，这里指的是20世纪20年代独立的年轻女性。她们身着直线型、男孩风的服装，追求男女平等。

1. 吊带衬裙

宽松的吊带缎面衬裙，饰以蕾丝花纹，穿在新颖的直线型连衣裙里。与上世纪的紧身胸衣大相径庭，吊带衬裙是自然主义的一大飞跃。

2. 双色鞋

这股男孩风不仅席卷了服装和发型，还影响了鞋履的款式。女鞋的设计借鉴了男款的黑白拼色布洛克皮鞋，增加了小皮带扣和小细跟。

3. 低腰裙

低腰连衣裙，下摆及膝，花色多样，饰以流苏、纽扣、缎带等。这是20世纪20年代最流行的款式，但只有前卫的年轻女性才敢尝试。

4. 手提包

20世纪20年代手包的设计灵感来自动感，从流线型的汽车到饰有流苏的舞蹈裙。这款橙色的手提皮包线条柔和，看上去就像一艘船或是一辆车，印有装饰艺术风格的图案。

5. 钟形帽

战争期间，为了方便工作，女性将头发剪短或者梳着圆发髻。这股风潮迅速地传播开，不久年轻女性都将头发剪短了。小巧、无边的钟形帽底下，露出微卷的短发。

6. 珍珠项链

法国设计师可可·香奈儿（Gabrielle Coco Chanel）总爱戴着一层层及腰的长款珍珠项链，这影响了20世纪20年代的时尚风潮。这些珍珠项链，搭配深色的针织套装，显得简约、优雅。

7. 胸花

精致的胸花为男孩风的服装增添了些许女性元素。香奈儿设计了一系列真丝胸花，如康乃馨胸花和山茶花胸花，十分百搭。

8. 针织套装

香奈儿认为服装应该功能性强，适合运动，简单易穿，所以她设计了针织套头衫。原先这些面料用来制作内衣，而现在被配以拉链，还带有装饰艺术风格的图案。

1. 不规则
下摆的裙子

不规则的拼块上带有流苏，伴随舞者的摆动会发出"沙沙"响声。

2. 探戈包

跳舞时用，有两个指环。

垂坠的钉珠，闪亮的水晶。

3. 钉珠
名媛裙

4. 低腰裙

前摆较短，后背镂空，由浅色的真丝和绸缎制成。

在短发下摇摆。

5. 长耳环

表演者戴着奢华的头饰。

6. 时尚名媛发饰

镶有人造宝石的舞鞋。

7. 爵士舞鞋

爵士时代（20世纪20年代）20世纪20年代爵士乐盛行，时髦的女孩们蜂拥赶去地下俱乐部，参加派对。她们剪短头发，穿上短裙，打破了社会用以约束女性的陈规。

1. 不规则下摆的裙子

这类裙子是为"亮丽的年轻人"设计的——追求刺激、喜欢跳舞的上流社会女孩。不对称的、似"折叠手帕"的下摆以及长流苏，会伴随着舞者的韵律而摆动，动感十足。

2. 探戈包

20世纪20年代，女性在跳舞时会随身携带小包，用于放置深色唇膏和袖珍化妆镜。金属探戈包上带有指环，让佩戴者能稳妥地将其握在手中，在舞池中翩翩起舞。

3. 钉珠名媛裙

时尚名媛裙采用那一时期风靡的男孩风廓形：直线型加低腰设计。裙子是无袖的，裙摆垂到膝盖上。夜晚，女孩们会选择带有珠片或水钻的款式。

4. 低腰裙

整个20世纪20年代，服装的下摆长度时而变长，时而变短；然而这条裙子结合了两种风格，前短后长。浅色的真丝和缎面，饰以钉珠。

5. 长耳环

时尚名媛们仔细地梳理精心修剪过的短发，让小卷发"轻吻"脸颊。摇摆的耳环与男孩风的衣着和谐互补。有些长耳环甚至会垂到肩上。

6. 时尚名媛发饰

时尚的舞者和演员会佩戴奢华的发饰，通常由珍珠、水钻或钉珠制成。有些发饰带有巨大的雪白羽毛，有些则挂着垂到眼睛上方的流苏般的珠片。

7. 爵士舞鞋

爵士舞鞋的鞋跟又短又结实，鞋子上的莱茵石闪闪发光。搭扣设计使人们在疯狂跳舞时，鞋子能被固定住，经得住踢、踏等各种动作。

1. 垫领和服

日式斗篷。

拉链和太阳光的造型是装饰艺术的标志性图案。

4. 阿兹台克连衣裙

5. 装饰艺术包

灵感来自新发现的图坦卡蒙墓穴。

装饰着古老的墨西哥符号和金色刺绣。

2. 蛇形手镯

戴在上臂处。

3. 埃及几何裙

由金色和银色的方形布片拼接而成。

6. 金色连衣裙

由烫金面料制成，灵感来自东方。

手套上图案的灵感来自希腊艺术。

异域风情（20世纪20年代）1922年人们发现了埃及法老"图坦卡蒙"的墓穴，从中挖掘出的宝物影响了时尚界、美妆界、音乐界，甚至饮食界。

7. 手套

8. 立体主义连衣裙

1. 垫领和服 ·····

20世纪早期，日本和服开始成为时尚；直至20世纪20年代，经由西方设计师之手，多次改良。主要特征包括：有软垫的领口、宽大的廓形和精美的刺绣。

2. 蛇形手镯 ·····

埃及法老"图坦卡蒙"的墓穴被挖掘出来，人们从中发现了各种雕塑、家具以及黄金首饰。这款蛇形手镯的灵感正是来源于墓穴中的文物，通常被戴在上臂处。

3. 埃及几何裙 ·····

时尚设计师着迷于埃及的几何造型，并将其应用到自己的设计中。这款黑色与金色搭配、钻石图案的裙子，酷似古埃及女性的裙装，但同时迎合了20世纪20年代垂直廓形的潮流。

4. 阿兹台克连衣裙 ·····

其他古代文明，同样为20世纪20年代的时尚带来了灵感，比如：墨西哥和中美洲的阿兹台克文明。这款连衣裙上印有阿兹台克的图案，与同时期的男孩风服装相比，更有女人味，适合年龄稍长的女士。

5. 装饰艺术包 ·····

装饰艺术结合了埃及、阿兹台克、非洲等多种元素，同时使用了新的技术以及手工艺。这款装饰艺术包是其中的典型，具有独特的装饰艺术图案，如太阳光、Z字形。

6. 金色连衣裙 ·····

东方文化对20世纪20年代的时尚界产生了深远的影响。漆器是一种涂以油漆并镶嵌象牙或金属的工艺品，被广泛用于家居装饰。受此启发，设计师开发了金色的、闪闪发光的轻薄面料，用于制作类似这款具有垂坠感的连衣裙。

7. 手套 ·····

这些优雅的皮手套上有着"Z"字形图案，以及希腊艺术中迷人的"连环锁"图案。希腊艺术是20世纪20年代时尚界的又一大灵感源泉。

8. 立体主义连衣裙 ·····

立体主义是一种化繁为简的艺术，常使用方形等抽象元素。这款金银连衣裙正是由立体主义中标志性的方形图案拼接而成。

1. 宫廷鞋

由兽皮制成。

2. 女式套装

职业女性的明智装扮。

3. 蕾丝连衣裙及外套

连衣裙与外套的花形相匹配。

4. 茶会女礼服

节俭主义（20世纪30年代）职业女性忙于工作，所以她们会购买各种颜色、风格和图案的成衣。这些成衣是批量生产出来的，款式简单、价格适中。

5. 胶木手镯

色彩丰富的塑料配饰。

适合于任何日间场合。

6. 低檐帽

与套装、手套搭配。佩戴时，帽子一侧低于眉头。

7. 兽皮手袋

用蛇皮、驼鸟皮或鳄鱼皮代替传统皮革。

1. 宫廷鞋

灵巧的圆头鞋，由鳄鱼皮、蜥蜴皮、蛇皮或其他深色兽皮制成。女性常在工作期间或日间场合穿着。

2. 女式套装

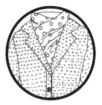

成功的职业女性通常穿着暖色羊毛套装。不同于20世纪20年代的垂直廓形，腰间的皮带突显了腰线，裙摆变长且加上了褶皱，高领设计又回归了时尚舞台。

3. 蕾丝连衣裙及外套

杂志向成千上万的女性推广新款成衣，引领了所有阶层的时尚。这套蕾丝连衣裙与外套的搭配就是20世纪30年代的潮流。

4. 茶会女礼服

忙碌的女性需要一款时髦的裙装，可以穿着它出席各类日常社交场合，无论是购物、就餐，还是礼拜。茶会女礼服是由各种花布批量生产出来的成衣，深受女性欢迎。

5. 胶木手镯

胶木手镯仍是时尚配饰。与昂贵的精致首饰相比，女性可以购买许多廉价的胶木手镯，用来搭配各种成衣。

6. 低檐帽

上世纪的钟形帽被斜戴在一侧，边缘微微卷起。女性常常用低檐帽来搭配套装和白手套。

7. 兽皮手袋

第一次世界大战期间，传统皮革被大量用于制作军服和其他军需品，因此很稀缺，配饰设计师不得不转而使用珍稀动物的兽皮，如：蛇皮、鸵鸟皮或鳄鱼皮。这种手袋至今依然很流行。

1. 镀金
金属钱包

好莱坞明星佩戴的华丽发饰。

2. 钻石头饰

5. 狐狸皮草

白色的皮毛最为紧俏。

4. 露背
连衣裙的
珠宝配饰

前所未有的低露背。

金色，镶有珠宝。

6. 斜裁女袍

鸵鸟羽毛被染成与珠宝相近的颜色，与珠宝配饰搭配。

7. 鸵鸟毛
羽扇

高跟，有着迷人的脚踝扣带和水钻，
适合夜晚穿着。

独特的斜裁工艺，起到收身的效果。

好莱坞魅力（20世纪30年代）外套采用男孩
风的直线廓形，里面配以女性化廓形的服装。紧身礼服的
灵感来自好莱坞明星，能勾勒出女性腰部和臀部的曲线。

3. 露背
连衣裙

8. 鱼嘴露跟鞋

1. 镀金金属钱包 ....

灵感来自好莱坞，闪闪发光，奢华耀眼。这款金属钱包看上去像是黄金制成的，中间有一颗钻石和祖母绿搭扣。

2. 钻石头饰 ....

人们将钻石首饰佩戴在脖颈上、耳朵上、手指上、手腕上，甚至头发上。红毯上，好莱坞明星佩戴着钻石，闪耀迷人。此外，还有各种仿钻石造型的水晶饰品。

3. 露背连衣裙 ....

露背连衣裙诞生于20世纪30年代，逐渐被女性所接受，她们愿意露出更多肌肤。露背连衣裙在电影明星中广为流行，至今仍是经典的红毯装扮。

4. 露背连衣裙的珠宝配饰 ....

女士们将珠宝翻过来佩戴，点缀裸露的后背，或者戴上专为露背连衣裙设计的珠宝。钉珠和钻石在她们的腰间摇摆。

5. 狐狸皮草 ....

狐狸毛制成的披肩或围巾显得雍容华贵，人们将它围在肩膀上，有些披肩甚至保留了狐狸的爪子。银色和白色的皮毛最受欢迎。

6. 斜裁女袍 ....

斜裁是一项独特的技术，将面料斜角裁剪，而非竖直或水平裁剪。斜裁的服装在缝制时，能营造出拉伸的效果，常被运用于紧身缎面长袍的设计。

7. 鸵鸟毛羽扇 ....

鸵鸟毛羽扇往往被染上与珠宝相近的色彩，比如：祖母绿色、紫色、红宝石色。羽扇丰盈，栩栩动人。电影明星时常将宽大的羽毛围巾（boas）挂在肩上。

8. 鱼嘴露跟鞋 ....

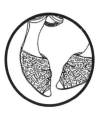

白天，女士们穿着干练的宫廷鞋；而到了夜晚，她们会穿上华丽的鱼嘴高跟鞋，配以优雅的系带和钻石。

1. 雪纺连衣裙

适合夏季穿着，轻薄、飘逸。

2. 游泳衣

后背裸露，穿着者会被晒成健康的古铜色。

系带款，适宜在沙滩上穿着。

5. 凉鞋

3. 圆形太阳镜

宽松的短裤，看上去就像一条短裙。

4. 海滨宽松裤

图案明快，搭配露肩衫系带上衣。

7. 裙裤

8. 航海手提包

度假风影响了包袋的款式。

6. 沙滩遮阳帽

宽边设计，避免阳光照射。

法兰西海滨度假风（20世纪30年代）20世纪30年代，法国南部成为主要的旅游地，度假风服饰随之风靡。

1. 雪纺连衣裙

20世纪30年代，柔软而飘逸的廓形成为首选。夏季，连衣裙多由轻盈的雪纺面料制成，饰以宽松的蝴蝶结，裙摆飘逸，印花亮丽。

2. 游泳衣

古铜色的肌肤，首次成为美丽的象征（似乎在告诉所有人，你刚度完假）。露背的一体式泳衣能让大面积的肌肤享受日光浴。泳衣的腰线剪裁独特，且印有美丽的图案。

3. 圆形太阳镜

出门时，女性通常要戴上帽子，而在法国的海滨胜地或在美国的加利福尼亚，人们用太阳镜取而代之。这股风潮很快传播到日常生活中，随之，帽子退出了时尚舞台。

4. 海滨宽松裤

20世纪20年代，设计师可可·香奈儿（Coco Chanel）首创了作为居家休闲服的阔腿裤。到了20世纪30年代，人们将它穿到了沙滩上。海滨宽松裤的图案明快，多为格纹或条纹。

5. 凉鞋

20世纪30年代，出国度假成为一种流行。富人乘坐飞机前往欧洲的度假胜地，其他人则开车去新的"度假营地"。度假时，人们会穿着红色或蓝色的系带凉鞋。

6. 沙滩遮阳帽

尽管太阳镜日渐流行，帽子仍有用武之地。沙滩遮阳帽的帽檐很宽，能遮住脸庞，多由蜜色的稻草编制而成，有些还配有缎带和系带。

7. 裙裤

裙裤属于阔腿短裤，但看上去很像裙子。走路时，裤子上的褶皱会随风飘动。裙裤是由海滨宽松裤发展而来的，后期还被设计成了蕾丝晚装。

8. 航海手提包

航海手提包借鉴了汽车、飞机和轮船的外形，可见当时的度假热潮。"诺曼底"号巡游首航之日，所有头等舱的宾客均可获得一枚船型手袋，作为留念。

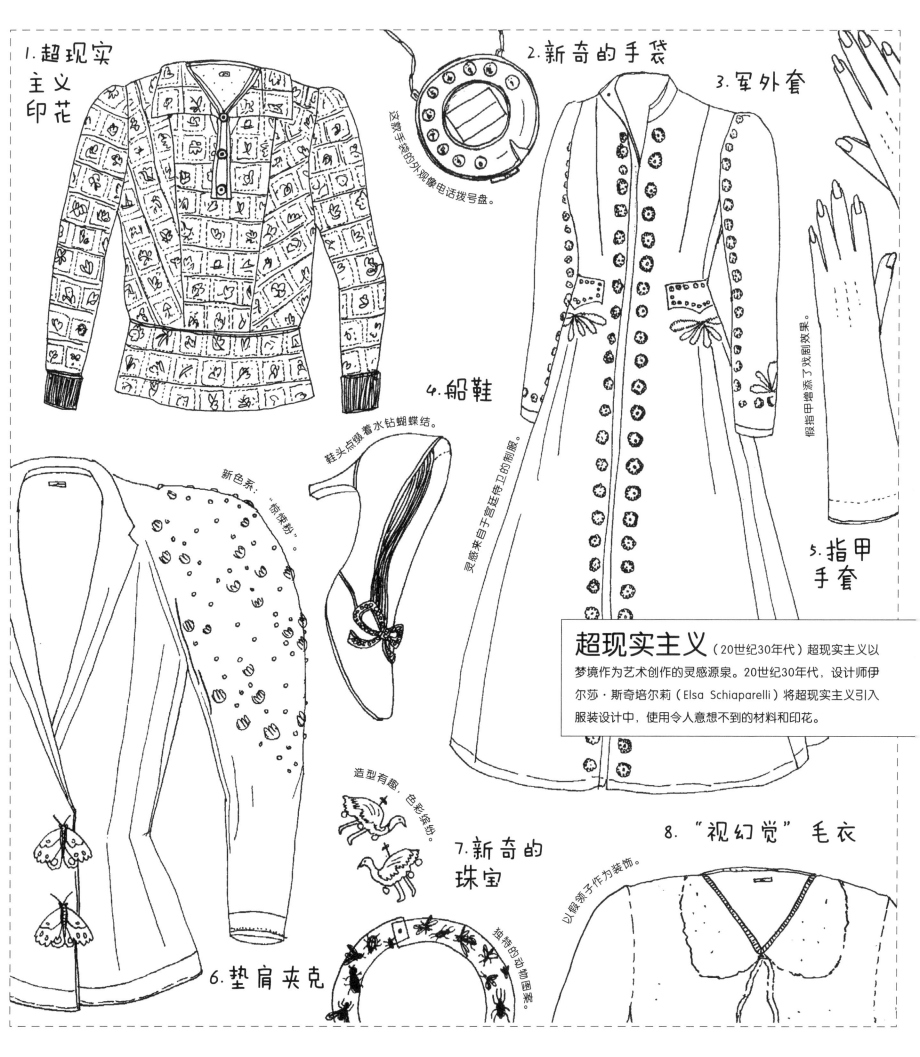

1. 超现实主义印花

2. 新奇的手袋

这款手袋的外观像电话拨号盘。

3. 军外套

假指甲增添了戏剧效果。

4. 船鞋

鞋头点缀着水钻蝴蝶结。

灵感来自于宫廷传卫的制服。

5. 指甲手套

新色系："惊骇粉"。

超现实主义（20世纪30年代）超现实主义以梦境作为艺术创作的灵感源泉。20世纪30年代，设计师伊尔莎·斯奇培尔莉（Elsa Schiaparelli）将超现实主义引入服装设计中，使用令人意想不到的材料和印花。

造型有趣，色彩缤纷。

7. 新奇的珠宝

8. "视幻觉"毛衣

以假领子作为装饰。

6. 垫肩夹克

独特的动物图案。

1. 超现实主义印花

超现实主义设计师与艺术家合作，为服装设计了幽默、独特的印花。这些印花借用日常元素，包括邮票和报纸，从而创作出新奇的图案。

2. 新奇的手袋

超现实主义手袋，十分有趣，形似实物，比如：折叠的报纸、一束鲜花或一只鸟笼。这只圆形的手袋看上去像电话拨号盘。

3. 军外套

这款军外套的灵感来自于伦敦皇家侍卫：明亮的皇家红、金色的纽扣、边缝处装饰性的金色刺绣。至今，军外套依然是时尚单品。

4. 船鞋

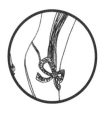

20世纪30年代，当其他设计师正在创造简约、优雅而实用的服装时，伊尔莎·斯奇培尔莉等超现实主义设计师开始设计叛逆而有趣的服装。图中这些装饰有水晶蝴蝶结的鞋子正是典型的斯奇培尔莉风格。

5. 指甲手套

超现实主义是新奇的、充满想象力的艺术，如融化的钟表、蝴蝶驾驶的轮船以及飞翔的动物。图中的这款金色指甲手套也是超现实主义作品——想象一下，戴着它去参加20世纪30年代的舞会，简直棒极了。

6. 垫肩夹克

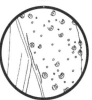

肩垫被缝制到夹克内侧，设计出超大的方肩。这款夹克采用了桃粉色，这种非常大胆的颜色在20世纪30年代首次被应用到服装上。

7. 新奇的珠宝

与之前流行的珍珠、钻石以及装饰艺术相比，这些有趣、多彩的珠宝在当时极具创新性，而如今人们已经习以为常。

8. "视幻觉" 毛衣

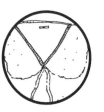

"视幻觉" 印花是视觉的假象，即让图案看上去具有3D效果，就像这款毛衣胸前的假领子。伊尔莎·斯奇培尔莉是最早将这项技术运用于针织服饰的设计师之一。

1. 雪纺
手帕
跳舞时携带。

2. 褶边连衣裙

3. 花纹鞋
多为金色、银色，人们可以穿着它彻夜起舞。

4. 鱼尾裙
优雅的沙漏型轮廓，下摆垂到地上。

5. 钉珠
舞会包
旋转排列的钉珠。

大袖口和褶皱，强调了细腰。

小巧而精致，放置唇膏等派对用品。

6. 化妆包

7. 宝石袖口
人造宝石，图案灵感来自十字勋章。

花边及荷叶边（20世纪30年代）

20世纪30年代，受到经济大萧条的影响，许多美国人变得很穷。唯有派对能点燃人们的热情，人们穿着派对装，跳起桑巴舞和林迪舞（Lindy Hop）。

8. 钉珠舞裙
从20世纪20年代开始，低腰设计始终在时尚舞台上有一席之地。

1. 雪纺手帕

参加舞会时，人们会带着宽大的、图案亮丽的雪纺手帕，一边翩翩起舞，一边轻轻地将它拿在手中。手帕伴随着舞者飘舞，将人们的注意力引向与之相衬的裙子上。

2. 褶边连衣裙

这款裙子的灵感来自于演员琼·克劳馥（Joan Crawford），袖笼处层层叠叠的褶子衬得腰身更为纤细。繁复的层次与该世纪中期流行的另一款紧身露背连衣裙形成对比。

3. 花纹鞋

这类带有图案的高跟鞋专为彻夜舞蹈的人们而设计。鞋子的缎面被染上各种色彩，与衣着相配，其中金色和银色最为流行。

4. 鱼尾裙

这款华丽的裙装垂坠到地面上，呈优雅的沙漏型，在腰间、臀部和腿部勾勒出了迷人的弧线。因其柔美的廓形，被称为"鱼尾裙"。

5. 钉珠舞会包

包上层层叠叠的钉珠，构成旋转的图案。这款小钱包的背后有一条链子，人们可以放心地握着钱包在舞池中起舞。

6. 化妆包

女士们将派对用品装在小小的化妆包里，用链子挂在手腕上。化妆包由珍贵的蛇皮制成，内侧有放置唇膏和镜子的夹层。

7. 宝石袖口

人造珠宝，由塑料或玻璃等廉价的材料混合制成，给人以昂贵的印象。图中这款配饰采用彩色玻璃仿宝石，图案灵感来自军功十字勋章，那是当时最流行的款式。

8. 钉珠舞裙

这款20世纪20年代的钉珠裙至今仍是时尚主流，能在商店中找到价格适中的样式。下摆垂坠，绣着蕾丝，腰部装饰着钉珠。

1. 长头巾
在艰难的战争时期，堪称大胆的发饰。

2. 衬衫连衣裙
用窗帘布在家缝制而成。

3. 软木楔鞋
因为皮革稀少，所以用软木代替。

4. 无需配给券的面纱
无需配给券，即可购买。

5. 牛津鞋
双色的、男性化的鞋子。

6. 实用的方肩套装
政府认可的较短的裙装，可以节省面料。

7. 防毒面具袋
为防止炸弹袭击而每天携带。

8. 编织手套
浅色的、亮丽的蕾丝风格。

实用主义（20世纪40年代）第二次世界大战从1939年延续至1945年，改变了人们居家生活的方式：食物定量分配，服装用配给券购买。那一时期的服装颜色暗沉而实用性强。

1. 长头巾

战争时期，女性很难买到金属发夹，只能用头巾将未经整烫的头发遮盖起来。在巴黎，面对艰难的战争，高耸的头巾被认为是勇敢的象征。

2. 衬衫连衣裙

设计师与政府合作，创作出能满足定量配给制的、更耐用的服装。这款实用的窄裙甚至可以直接在家用窗帘布或精梳棉等多余的面料缝制出来。

3. 软木楔鞋

战争时期，皮革供给部队使用，需要用配给券购买，非常昂贵，所以女性穿上了软木楔鞋。此外，长筒袜也十分稀缺，所以有些人在腿后侧画上假的边缝线。

4. 无需配给券的面纱

生产厂商必须大量生产实用的、需要配给券才能购买的服装，然而，与此同时他们仍然会设计少量"自由"的服装及配饰，以供销售，比如这款点缀着漂亮花朵的新娘面纱。

5. 牛津鞋

双色牛津鞋，鞋尖和鞋跟的色彩不同，鞋面上打有许多小的装饰孔。鞋子以棕色、黑色、白色居多。女鞋的鞋跟很细，且配有蕾丝。

6. 实用的方肩套装

严肃的廓形符合政府对实用性的要求，这款套装反映了战争情绪。裙子较短，以节省用料。色彩朴素或印有格纹图案，套装适合在任何场合穿着。

7. 防毒面具袋

成千上万只防毒面具被生产出来。为了预防爆炸袭击，人们总是随身携带着防毒面具。女性会将防毒面具放在朴素、实用的横向长方形包包里，或特别定制的、颜色更加时尚的手袋中。

8. 编织手套

当时，几乎所有的物品都需要用配给券购买，包括内衣、鞋子和手套，这款编织手套就是其中之一。当然，女性也可以根据编织图纸自己亲手编织手套。

1.衬裙

大裙摆需要内搭蓬松轻柔的衬裙。

2.双排扣外套

腰间的褶皱进一步强化了伞裙的效果。

3.帽子

宽檐帽上饰以羽毛、蕾丝或动物印花。

4.伞裙和夹克

创新的造型符合当时的需求。

5.下摆带纽扣的连衣裙

柔美、女性化的轮廓。

6.树脂手提包

造型灵感源自建筑设计。

7.露趾鞋

蛇皮高跟鞋。

新风貌（20世纪40年代）20世纪40年代末，战争结束，时尚界迎来了新风貌。与实用主义截然相反，大裙摆暗示了人们对未来的期待。

1.衬裙

蓬起的裙子，需要内搭超大的、隆起的衬裙，才能获得应有的效果。艰难的战争时期，人们总是穿着暗沉的套装，而如今人们开始追求愉悦和美感，于是这些柔美的裙装又流行了起来。

2.双排扣外套

双排扣外套由奢华的厚羊毛制成，臀部有假裙摆。这些层层叠叠的面料是一种设计技巧，旨在突出纤细的腰肢、蓬松的伞裙和女性的线条美。

3.帽子

克里斯汀·迪奥设计了这款飞碟型的帽子，与丰臀、斜肩的新廓形相呼应。这顶帽子由梭织草编成，饰以羽毛和蕾丝。

4.伞裙和夹克

新的设计风格起初令人震惊，因为它们实在是太费面料了。这些优雅的服装是为年长、富有的女性而设计的，但年轻女孩也很喜欢，她们渴望能以适中的价格买到这些款式。

5.下摆带纽扣的连衣裙

战争时期那种严肃的衬衫款式早已过时，取而代之的是柔软的斜肩、整洁的领子和一排优雅整齐的纽扣。理想的廓形是像花儿一般绽放，充满女性的柔美。

6.树脂手提包

人工树脂做成的新型塑料手提包，形似珍珠母贝或玳瑁。形状的灵感来自于工业设计和建筑设计。

7.露趾鞋

战争时期，职业女性穿着露趾鞋外出工作很危险；而如今，亮丽的高跟鞋重返时尚舞台。露趾鞋由染成淡色的兽皮制成，外形柔美。

1. 有腰垫的鸡尾酒裙

源自20世纪61目的风格。

2. 挂脖连衣裙

由方格棉布、条纹布或印花面料制成。

3. 短手套

白天、夜晚均可佩戴。

4. 皮毛披肩

好莱坞明星的装扮。

5. 露肩礼服

专为公主或电影明星设计的奢华礼装。

6. 配套的鞋和包

保证整体造型的和谐统一。

7. 猫眼眼镜

颜色多样。

8. 羊毛粗花呢套装

精梳羊毛套装，有红色、蓝色、绿色。

优雅风（20世纪50年代）战后，社会秩序回归常态，时尚也趋于保守，女性又开始追求优雅的着装，大裙摆和连衣裙也随之流行。

1. 有腰垫的鸡尾酒裙

设计师从过去寻找奢华风的灵感，例如这款裙子——超大的廓形，后背是19世纪风格的腰垫。浅色系的真丝塔夫绸连衣裙穿在紧身衣外，裙子内侧用环箍固定，起到塑形的效果。

2. 挂脖连衣裙

第二次世界大战之前，美国一直沿袭巴黎的时尚风潮。但在战争期间，这股时尚脉络被切断了，因此给予了美国本土设计师更多的发展空间。例如，克莱尔·麦卡德尔（Claire McCardell）用格子或条纹棉布设计出了简约的露背裙。

3. 短手套

手套有各种款式，以适应白天、夜晚以及不同季节，也可搭配各类服饰。这款白色的蕾丝棉手套应该是夏天戴的，由于长度不及手腕，被称为"Shortie"。

4. 皮毛披肩

好莱坞明星总是佩戴昂贵的皮毛披肩，诸如：狐狸皮、水貂皮等等。普通人用假皮毛模仿明星们华丽的着装风格。豹纹印花还被应用在斗篷和皮草包上。

5. 露肩礼服

克里斯汀·迪奥等服装设计师为世界各地的王妃们设计了华丽的礼服。大大的蝴蝶结、复杂的钉珠和蓬松的薄纱，与战争时期的朴素风格形成了强烈的对比。

6. 配套的鞋和包

20世纪50年代的女性希望衣着得体、装扮亮丽，这也就意味着服装要与包、鞋子、帽子相匹配。设计师们用配套的面料设计出风格统一的服饰。

7. 猫眼眼镜

眼镜也要与整体造型相配，于是镜框逐渐成了时尚元素。市面上诞生了一系列不同颜色的塑料眼镜，用于搭配衣着。这款翼型的猫眼眼镜当时十分流行。

8. 羊毛粗花呢套装

格纹夹克的下摆中缝有链条，增加了垂坠感，让廓形更利落。香奈儿等设计师为精致的淑女们设计了这款粗花呢套装。

花朵元素非常流行。

2. 项链

3. 透明的
树脂手提包

建筑风的造型抽象、新颖。

1. 后背宽松式夹克

后背宽松。

4. 娃娃
连衣裙

5. 鸡尾酒帽

戴在束发上。

由花卉色织布制成，笔直的三角廓形。

橡皮，宽松的短款连衣裙，饰以蝴蝶结。

7. 秋千
连衣裙

6. 细高跟鞋

容易损坏地板，所以部分会场禁止穿着入内。

8. 长手套

独特的宽袖笼在手臂处蓬起。

娃娃装（20世纪50年代）20世纪50年代，巴黎的设计师们重新探索直线型的款式，风格由传统的柔美廓形变为抽象的图案以及宽松的廓形。

1. 后背宽松式夹克

休闲夹克打破了自然的廓形，背部有褶皱、折叠，显得非常蓬松，有点类似20世纪早期的和服款式。

2. 项链

珠宝设计进入了"复古时期"，设计师将艺术和批量化生产、新型合成材料相结合。花朵元素盛行，大而亮丽的项链成为时尚单品。

3. 透明的树脂手提包

20世纪50年代，透明的合成树脂手提包仍非常流行。手提包借鉴了建筑的造型，抽象弧线成为新的潮流。

4. 娃娃连衣裙

灵感来自于新颖的抽象廓形，设计师克利斯托巴尔·巴伦夏加（Cristóbal Balenciaga）设计出了腰围宽松的短裙。这款新式样有个昵称叫作"Babydoll"。蝴蝶结和褶皱看上去年轻，且富有活力。

5. 鸡尾酒帽

整整齐齐地向上梳理的发型开始流行，这意味着大帽檐退出了时尚舞台，被小鸡尾酒帽代替。鸡尾酒帽就像一顶皇冠，斜戴在头部的一侧，帽子上点缀着羽毛或花朵。

6. 细高跟鞋

尖头细高跟鞋源于意大利，使用钢钉加固鞋跟。鞋尖会损坏木质地板，因此这类细高跟鞋在某些特定的场合被禁止穿着。

7. 秋千连衣裙

直到50年代末，秋千连衣裙短暂地流行了一阵子。秋千连衣裙由花卉色织布等硬挺的面料制成，采用宽松的三角廓形，不贴合身体。

8. 长手套

优雅的长手套，手臂处有着像气球般鼓起的袖笼。模仿当时抽象的裙子廓形，忽略人体身材的自然曲线。

1. 帽子
与发髻或马尾辫搭配。

2. 皮草包
皮草包是地位的象征，暗示着时髦而富有。

3. 钻石胸针
由珍贵的宝石制成，设计精美。

4. A字形套装
三角形的半身褶裙。

5. 细跟鞋
专为青少年设计。

6. A字连衣裙
蝴蝶结突显了纤细的腰身。

7. 手套
饰以纽扣或皮毛，与外套配套。

A字形（20世纪50年代）A字形预示着女性柔美风的终结，催生了20世纪60年代那些时髦的、充满未来感的设计。

1. 帽子

20世纪50年代流行发髻和马尾辫等干净利落的发型，配上朴素的浅色帽子，露出夸张的大耳环，十分引人注目。

2. 皮草包

皮制服装和配饰是地位的象征。猎豹皮或狐狸皮的小皮包是仅次于昂贵的皮草大衣的最佳单品，同时人们也能买到较为廉价的仿皮制品。

3. 钻石胸针

"现代艺术风"的首饰既是传统的，也是低调优雅的。精致的胸针和手镯，由钻石和其他稀有的彩色宝石制成，如翡翠、紫水晶等。

4. A字形套装

20世纪50年代的A字形在臀部鼓起，通过褶裙来塑造三角廓形。伞形的夹克依据身材量身定制，下摆位于裙上一指的位置。

5. 细跟鞋

细跟鞋是专门为年轻女孩设计的，以帮助她们适应有跟的鞋子。意料之外的是，蝴蝶结和尖头鞋等优雅的细跟鞋款式，在成年女性中也开始流行。

6. A字连衣裙

与娃娃装的廓形相比，A字连衣裙仍然带有传统的女人味。A字连衣裙配有蝴蝶结和口袋，强调了女性臀部和腰部的线条美。

7. 手套

衣着讲究的女性，会戴上与整体造型相配的手套：短款的白色棉手套搭配夏天的裙装，边缘有皮毛装饰的手套搭配皮包，有珠宝装饰的手套则在夜晚穿戴。

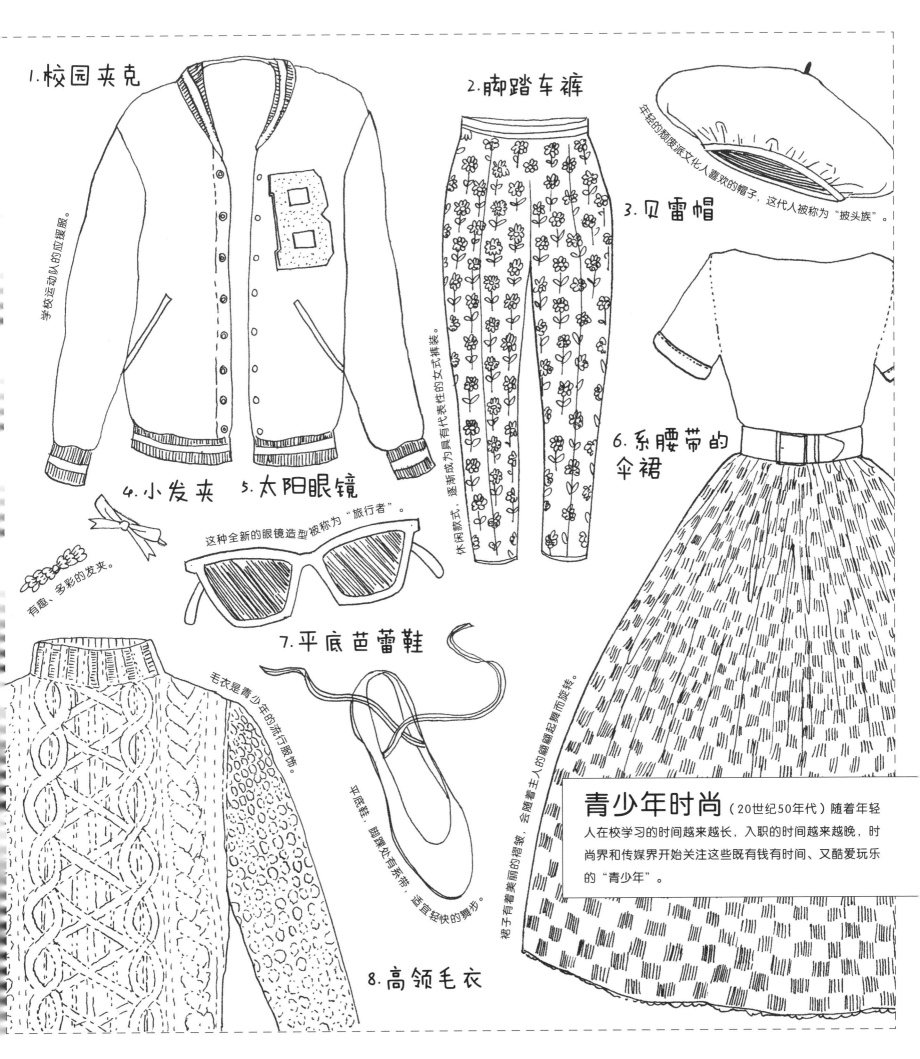

1.校园夹克

学校运动队的应援服。

2.脚踏车裤

休闲款式，逐渐成为具有代表性的女式裤装。

3.贝雷帽

年轻的颓废派文化人喜欢的帽子，这代人被称为"披头族"。

4.小发夹

有趣、多彩的发夹。

5.太阳眼镜

这种全新的眼镜造型被称为"旅行者"。

6.系腰带的伞裙

7.平底芭蕾鞋

平底鞋，脚踝处有系带，适宜较快的舞步。

8.高领毛衣

毛衣是青少年的流行服饰。

裙子有着美丽的褶皱，会随着主人的翩翩起舞而旋转。

青少年时尚（20世纪50年代）随着年轻人在校学习的时间越来越长，入职的时间越来越晚，时尚界和传媒界开始关注这些既有钱有时间、又酷爱玩乐的"青少年"。

1. 校园夹克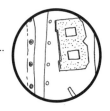

校园夹克是美国大学生运动队的应援服。夹克的颜色象征着校队，有深绿色、海军蓝色、金色、紫红色等，上面还印有代表校队的字母。

2. 脚踏车裤

日常服装变得越来越休闲、舒适，灵感源于运动服。这种正式的窄裤腿设计风靡一时。

3. 贝雷帽

年轻的颓废派文化人被称为"披头族"（Beatniks，又名"垮掉的一代"），他们喜爱黑色，不论男女都穿着高领毛衣，戴着太阳眼镜和羊毛贝雷帽。这种装扮被认为是打破常规的、叛逆的打扮。

4. 小发夹

20世纪50年代的年轻人，梳着运动型的马尾辫，系着缎带，用装饰性的发夹将头发固定在脑后。发夹的造型多种多样、十分有趣，包括动物、蝴蝶结、花朵等。

5. 太阳眼镜

"旅行者"太阳眼镜出现于20世纪50年代早期，至今仍是炙手可热的时尚单品。镜框使用新兴的塑材质，造型时尚，色彩丰富，有玳瑁棕、黑色和白色。

6. 系腰带的伞裙

伞裙的灵感来自20世纪40年代的"新风貌"。年轻人用尼龙和棉布设计出独特的款式，裙子有美丽的饰边。当她们伴着摇滚乐翩翩起舞时，伞裙也会随之旋转。

7. 平底芭蕾鞋

女星奥黛丽·赫本（Audrey Hepburn）将社会底层的"披头族"风格领入了时尚主流，她身穿深色的斜裁长裤和贴身的高领毛衣，脚上是平底芭蕾鞋。这双芭蕾舞鞋在脚踝处有系带。

8. 高领毛衣

年轻人的主流服装是休闲裙、长裤和毛衣。宽袖笼的高领针织毛衣非常流行，尤其是条纹毛衣和亮色毛衣。

1. 背带短裤

孩子气的款式，很时髦。

2. 塑料波普串珠

可以拆散，做成新的项链。

3. 印花紧身裤

创新设计，搭配短裙，堪称完美。

4. 迷你连衣裙

明快简洁，大花型。

5. 轻舞鞋

轻巧，未来主义风格。

6. 迷你裙

玛丽·昆特（Mary Quant）设计了第一条迷你裙。

7. 耳环

造型抽象，色彩艳丽。

8. 欧普艺术包

灵感来自于黑白艺术造型。

青年运动（20世纪60年代）伦敦引领着20世纪60年代的青年时尚。年轻人花钱购买廉价而有趣的服装，穿上迷你裙，戴上塑料配饰。

1. 背带短裤 ....

时尚设计师从童装上寻找灵感，迎合青年人的需求。他们设计的围裙及膝袜、短裤、紧身裤、迷你裙和超短裤，在青年人中十分畅销。

2. 塑料波普串珠 ....

波普串珠是塑料做成的项链，可以被拆开，重新组装成不同长度的项链和手链。普通的手链显得过于单调，而波普珠子却十分有趣、简洁、吸引眼球。

3. 印花紧身裤 ....

迷你裙搭配长筒袜不太合适，因此女孩们穿上了新设计的紧身裤。玛丽·昆特等设计的紧身裤印有雏菊图案、蕾丝印花或条纹图案。

4. 迷你连衣裙 ....

每个年轻的女孩都渴望拥有一条颜色亮丽、图案夸张的迷你连衣裙。玛丽·昆特专为青年人设计服装，她的服装店就像是一间正在开音乐派对的鸡尾酒吧。

5. 轻舞鞋 ....

简约的外形和时尚的廓形，是20世纪60年代的重头戏。时尚的平头鞋完美地诠释了这一点：未来主义的粗跟取代了女性化的细跟，鞋面上有着方形或雏菊形的搭扣。

6. 迷你裙 ....

前所未有的迷你超短裙也是由玛丽·昆特发明的。裙子色彩多种多样，从甜蜜的马可龙色到各种亮色，或许会让上一代人瞠目结舌。

7. 耳环 ....

20世纪60年代亮丽的、大胆的艺术作品影响了时尚界，设计师推出了一系列不同寻常的抽象造型，比如：那些耀眼的球形耳环。简单且令人振奋的主色调开始流行。

8. 欧普艺术包 ....

欧普艺术是通过明亮的颜色和几何形体的复杂排列创造视错觉效果的一种艺术形式，对时尚界具有启迪作用。这款包采用了新型塑料，设计灵感来自黑白欧普艺术。

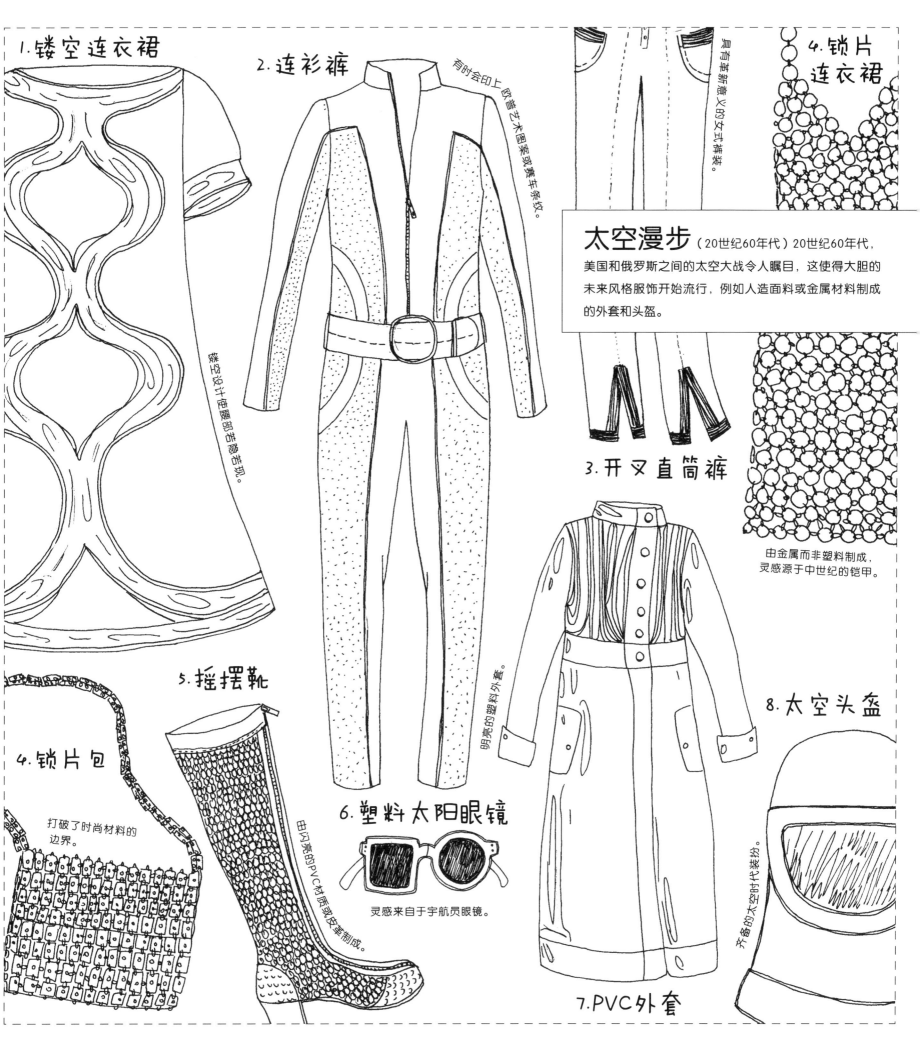

1.镂空连衣裙

2.连衫裤

有时会印上欧普艺术图案或赛车条纹。

镂空设计使腰部若隐若现。

4.锁片连衣裙

具有革新意义的女式裤装。

太空漫步（20世纪60年代）20世纪60年代，美国和俄罗斯之间的太空大战令人瞩目，这使得大胆的未来风格服饰开始流行，例如人造面料或金属材料制成的外套和头盔。

3.开叉直筒裤

由金属而非塑料制成，灵感源于中世纪的铠甲。

5.摇摆靴

4.锁片包

打破了时尚材料的边界。

由闪亮的PVC材质或皮革制成。

明亮的塑料外套。

8.太空头盔

6.塑料太阳眼镜

灵感来自于宇航员眼镜。

齐备的太空时代装扮。

7.PVC外套

1. 镂空连衣裙

设计师创造了高腰迷你裙和网眼镂空连衣裙，后者通过剪裁使腰部若隐若现。20世纪60年代后期，圆形、方形和三角形的镂空设计相当流行。

2. 连衫裤

20世纪60年代，连衫裤的款式如同太空战士的制服，印有粗犷的赛车服条纹或欧普艺术图案，色彩搭配极具冲击力，如蓝色和橙色、紫色和黄色。

3. 开叉直筒裤

过去，女性只有在沙滩上或家中才能穿裤子。如今，裤子逐渐成为日常服饰，为人们所接受。这些用厚重面料制成的长裤，看上去纤细、挺直，标志着女性时装的革新。

4. 锁片连衣裙和锁片包

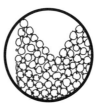

在设计师不断探索着新兴材料的同时，时尚界也紧紧抓住了太空探索热潮。设计师将金属和塑料片用圆环固定，创作出中世纪风格的锁片服装和箱包。

5. 摇摆靴

安德莱·克莱究（André Courrèges）是平底摇摆靴的创造者，他是太空时代的时尚先锋，其设计兼顾未来主义和功能性。摇摆靴由PVC材质或皮革制成，颜色多样，包括金属色、白色、红色和黄色。

6. 塑料太阳眼镜

灵感源于宇航员眼镜，属于安德莱·克莱究的"月亮女孩"时装系列。设计师在设计太阳眼镜时偏爱方形、三角形等造型。

7. PVC外套

PVC材质是一种新型材料，常被用于制作未来主义服装。这款风衣有多种亮丽的颜色可供选择，有些还特意采用半透明材料，使里面的衣服若隐若现。

8. 太空头盔

正如建筑师在构想其他星球上的未来城市一样，设计师也在创造未来主义风格的服饰。亮白色或银色的太空头盔是未来主义服饰的标志性元素。今天你会戴上它吗？

1.太阳眼镜
夸张的造型。

2.药盒帽
没有帽檐的简约款式。

用于放置药盒帽。

简洁而时尚，典型的20世纪60年代的款式。

3.帽盒
带有隐秘的夹层，用于存放珍贵物品。

4.链条手提包

5.女式露跟凉鞋
拼色鞋头，鞋跟较低。

6.珍珠首饰
三串短珠链。

7.套装

8.晚礼服
杰奎琳·肯尼迪（Jackie Kennedy）掀起了大蝴蝶结的潮流。

规矩、得体的衣着（20世纪60年代）尽管青年人穿上了短裙，但年龄稍长的女士们却依旧保守。她们戴上珍珠首饰，偏爱庄重而不失时尚的款式。

1. 太阳眼镜 ......

美国总统约翰·肯尼迪（John F.Kennedy）的夫人杰奎琳·肯尼迪是当时的时尚风向标。人们为了模仿她，购买其标志性的超大太阳眼镜，当然是平价的仿制款。

2. 药盒帽 ......

没有帽檐的单色药盒帽与20世纪60年代的简约风相符。药盒帽由皮草、羊毛或天鹅绒制成，多为淡彩色，无多余装饰。

3. 帽盒 ......

帽盒用于存放时尚的药盒帽，方便女士们外出携带。通常为皮制，多为柔和的橙色、粉色或绿色，设计成圆形或泪滴形。

4. 链条手提包 ......

香奈儿设计了首个绗缝皮革链条包，包内带有夹层，用于存放珍贵物品和笔记本。短款链条包可以直接挂在手腕上，也可以单肩背。

5. 女式露跟凉鞋 ......

陪伴总统出席活动时，杰奎琳·肯尼迪会穿上平底鞋以避免看上去比客人长得高，没想到却引领了低跟鞋的时尚。这款凉鞋的后跟有系带固定。

6. 珍珠首饰 ......

与同一时期的亮色塑料饰品不同，这款珠宝首饰显得简约、经典，与端庄的打扮相匹配。三串式的珍珠项链，恰好垂坠在女式上衣的领口处。

7. 套装 ......

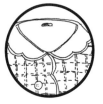

当年轻人疯狂地迷恋迷你裙时，年长女性则偏爱利落而严谨的双排扣套装（有配套的上衣和裙子），领子为圆形的豌豆领，颜色多为淡彩色。

8. 晚礼服 ......

晚礼服由柔顺的真丝面料制成，看上去线条清晰。大蝴蝶结或大纽扣成为了杰奎琳·肯尼迪造型的标志性特征，让人一眼就可以从人群中或电视里认出她。

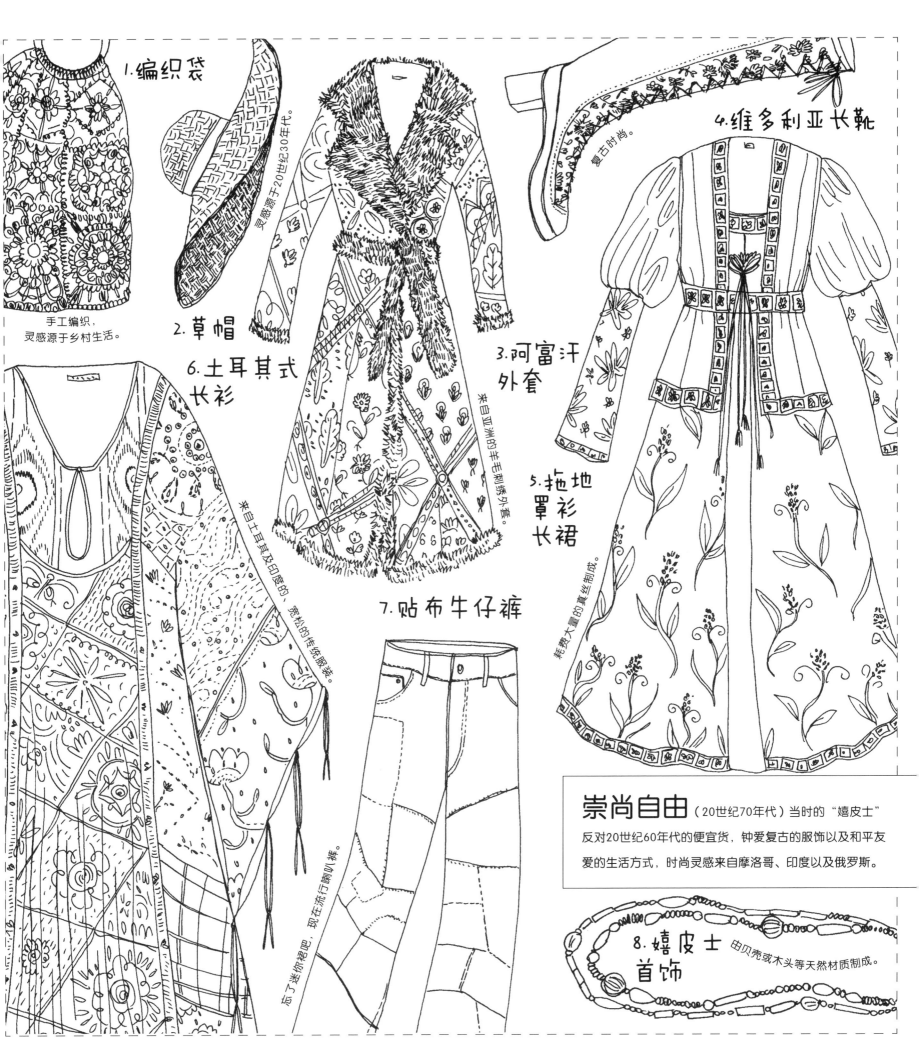

1. 编织袋
手工编织，灵感源于乡村生活。

2. 草帽
灵感源于20世纪30年代。

6. 土耳其式长衫
来自土耳其及印度的、宽松的传统服装。

3. 阿富汗外套
来自亚洲的羊毛刺绣外套。

4. 维多利亚长靴
复古时尚。

5. 拖地罩衫长裙
耗费大量的真丝制成。

7. 贴布牛仔裤
忘了迷你裙吧，现在流行喇叭裤。

崇尚自由（20世纪70年代）当时的"嬉皮士"反对20世纪60年代的便宜货，钟爱复古的服饰以及和平友爱的生活方式，时尚灵感来自摩洛哥、印度以及俄罗斯。

8. 嬉皮士首饰 由贝壳或木头等天然材质制成。

1. 编织袋

对于大自然和乡村生活的渴望，使得手工针织和编织技术再次在服饰领域开始流行起来。编织袋通常是手工制作而成的，由染成大地色系的羊毛拼接而成。

2. 草帽

设计师芭芭拉·胡兰妮奇（Barbara Hulanicki）将20世纪30年代的款式带回了时尚舞台，其中包括柔软的宽边草帽。草帽由稻草等天然材质制成。

3. 阿富汗外套

羊皮刺绣外套，最早是中亚部落的传统服饰。20世纪60年代后期，披头士等流行乐队成员穿上了阿富汗外套，于是这类服饰开始在欧洲和美国流行起来。

4. 维多利亚长靴

部分"嬉皮士"拒绝现代时尚，转而购买古着或复古款式的衣服和鞋子。有刺绣的维多利亚长靴十分畅销，于是设计师相继推出新款，饰以亮丽的花朵刺绣。

5. 拖地罩衫长裙

迷你裙过时了，拖地罩衫长裙成为时尚。这些精工细作的长袍用大量飘逸的真丝制成，配有流苏、编织带以及精致的印花。

6. 土耳其式长衫

宽松的土耳其式长衫是千百年前土耳其和非洲的传统服饰，20世纪70年代开始在西方流行。土耳其式长衫的色彩极其丰富，有深红色、绿色和紫色，并饰以金色刺绣。

7. 贴布牛仔裤

与其说时尚是为了反映人们的品位和追求，不如说它更能反映人们的信念。女权主义者渴望男女平等，因此她们偏爱"男性化"的服饰，比如：贴布阔腿牛仔裤。

8. 嬉皮士首饰

远离了之前的各种塑料材质，嬉皮士首饰回归了天然的材质。由贝壳或木头做成的珠子串在皮革上，再用未染色的羽毛作为装饰。

1.朋克连衣裙

2.用回形针装饰的牛仔夹克

饰以个性化的长条铆钉或回形针。

3.苏格兰格子裤

独特的苏格兰条纹。

朋克风（20世纪70年代）朋克时尚以喧闹的音乐和叛逆的裙子为特点，与主流背道而驰。朋克们留着鸡冠头，在身体上穿刺，服装多由皮质、格子花呢和橡胶制成。

5.朋克厚底高跟鞋

4.挂锁项链

DIY配饰，十分青睐。

豹纹上衣，搭配厚底橡胶胶鞋。

6.摇滚风皮夹克

7.铆钉腰带

与裙子或短裤搭配。

美国朋克款，搭配牛仔裤和长发。

浮夸的朋克款式，以黄金点缀。

1. 朋克连衣裙

奢华的朋克风迅速走上T台，成为时尚主流。连衣裙上的破洞和裂缝，搭配用回形针固定的金线装饰，十分独特。

2. 用回形针装饰的牛仔夹克

朋克乐队在牛仔夹克上绣有乐队的标志，让所有人都能一眼认出这名音乐人属于哪个乐队。不仅如此，朋克们还在衣服的口袋上、领子上和肩膀上添加金属饰扣和回形针。

3. 苏格兰格子裤

伦敦设计师薇薇安·韦斯特伍德（Vivienne Westwood）首创的苏格兰格子裤迅速风靡时尚界。薇薇安为她的丈夫设计朋克装，她的丈夫是一名朋克乐队的经纪人。

4. 挂锁项链

金属配饰开始流行，例如：廉价的DIY配饰。人们将挂锁穿在链条上作为项链，用回形针点缀破洞装。

5. 朋克厚底高跟鞋

朋克们喜欢高跟靴或厚底鞋，比如这款蕾丝麂皮厚底高跟鞋。名字"Creeper"源自柔软的橡胶厚底鞋，行走时悄无声息。厚底高跟鞋为黑色，鞋面上饰以豹纹印花。

6. 摇滚风皮夹克

不同国家、不同乐队的摇滚风皮夹克，款式各异。美国的摇滚朋克们，不论男女，都喜欢留着长发，身穿黑色皮夹克，用黑色皮裤代替铆钉牛仔裤。

7. 铆钉腰带

为了打破常规，女朋克们用阳刚的饰品来搭配柔美艳丽的服装。她们穿上蓬蓬裙或短裤，腰间配以银色铆钉腰带。

1. 婚礼帽

代替传统面纱。

2. 低领夹克

作为婚礼外套，灵感来自于迪斯科潮流。

3. 连衫裤

4. 舞台高跟鞋

鞋跟超高，穿在大喇叭裤下面。

女演员、音乐家、艺术家的服装。

5. 头巾

真丝印花，裹在长发外。

7. 网状项链

在迪斯科的灯光下闪烁。

由荧光色缎面或金属亮片制成。

8. 长链条珠片包

迪斯科包，饰以亮片或钉珠。

6. "54俱乐部"连衣裙

华丽的摇滚风和迪斯科风

（20世纪70年代）衣着华丽的摇滚歌手和迪斯科天后穿着连体裤和平底鞋，闪耀登场。女性身穿带有亮片的裙子，男性则身穿耀眼的白色套装，两者都化着浓妆。

1&2. 婚礼帽和低领夹克

迪斯科时尚影响到婚礼礼服的时尚趋势。低领的纯白色套装取代了连衣裙，带有纱网的宽檐帽取代了传统的面纱。

3. 连衫裤

摇滚歌手们穿上闪耀的连衫裤，在舞台的灯光下熠熠生辉。俱乐部爱好者们喜欢效仿他们，用荧光色缎面和金属亮片制作低领服装。

4. 舞台高跟鞋

女人们穿上高跟鞋在迪斯科舞厅里翩翩起舞，鞋子在阔腿裤下若隐若现。鞋子上通常印有闪亮的Z字形花纹。

5. 头巾

无论白天还是夜晚，女人们都围着印花丝绸头巾。头巾看上去就像印花大手帕，留有长尾摆与长发梳在一起。造型模仿了嬉皮风，不过更为夺目。

6. "54俱乐部" 连衣裙

20世纪70年代，纽约的"54俱乐部"是最著名的迪斯科俱乐部。女演员、音乐家、艺术家都聚集于此，她们总是穿着飘逸的金色单肩裙。

7. 网状项链

人们喜欢戴着网状的金属项链在迪斯科舞厅里跳舞，因为这款项链在彩灯下会闪闪发光。三角形的项链戴在脖子上，就像是一块围巾，看上去很有个性。

8. 长链条珠片包

参加派对时，人们会带上长链条珠片包。这种包的链条很长，因此包包可以斜背在身上，包上装饰着亮色的珠片或串珠，会随着音乐舞动。

1. 垫肩套装

独特的宽肩、细腰和短裙组合。

3. 细高跟鞋

体积大，颜色亮丽。

4英尺的高跟，散发着强势的魅力。

4. 手提包

职业女性常用的功能性手袋。

2. 手拿包

5. 手机

早期款式。

CALLING

6. 眼镜

华丽的金色边框。

7. 耳环

由真珠宝或仿珠宝制成。

搭配相似图案的套装。

8. 蝴蝶结女式丝绸衬衫

强势风格（20世纪80年代）20世纪80年代

的职场女性偏爱"成功人士的打扮"。她们穿上有垫肩的服装，配以夸张的发型，使自己看上去更加强势。

1.垫肩套装

套装的灵感来自于男装，垫肩使廓形看上去更加强势；而鲜红色和亮粉色的束腰夹克、喇叭下摆、短裙则为整体造型注入了女性元素。

2.手拿包

女性用颜色亮丽的大手拿包来搭配垫肩套装、高跟鞋和夸张的发型。甚至还有更大的皮质手拿包，颜色多样，有绿色、粉色和黄色。

3.细高跟鞋

超高的尖头高跟鞋，多由标志性的黑色、蓝色和白色皮革制成，能使强势的服装流露出华丽感。马诺洛·伯拉尼克（Manolo Blahnik）是最著名的鞋子设计师之一，专为职业女性设计精美的鞋款。

4.手提包

有棱有角的鳄鱼皮手提包，主要为商务用途。英国的第一首相撒切尔夫人（Margaret Thatcher）经常携带鳄鱼皮手提包，配上强势的着装，气场十足。

5.手机

早期的手机又大又重，通话一小时就得去充电。即使如此，每位商业人士都想配备一只，不论男女。

6.眼镜

廓形、配饰、发型都要大、大、大，眼镜也不例外。20世纪80年代，眼镜的镜框又大又圆，遮住了脸部，由色彩炫目的塑料或金色边制成。

7.耳环

对于想要大展宏图的职业女性来说，没有什么配饰是过于浮夸的。夸张而炫目的耳环，由真珠宝或仿珠宝制成，垂在蓬松的发型下，使得职业女性在办公室里脱颖而出。

8.蝴蝶结女式丝绸衬衫

忙碌的职业女性需要协调的造型。亮色的波点蝴蝶结女式丝绸衬衫，配上相似花色的夹克，是不错的选择。

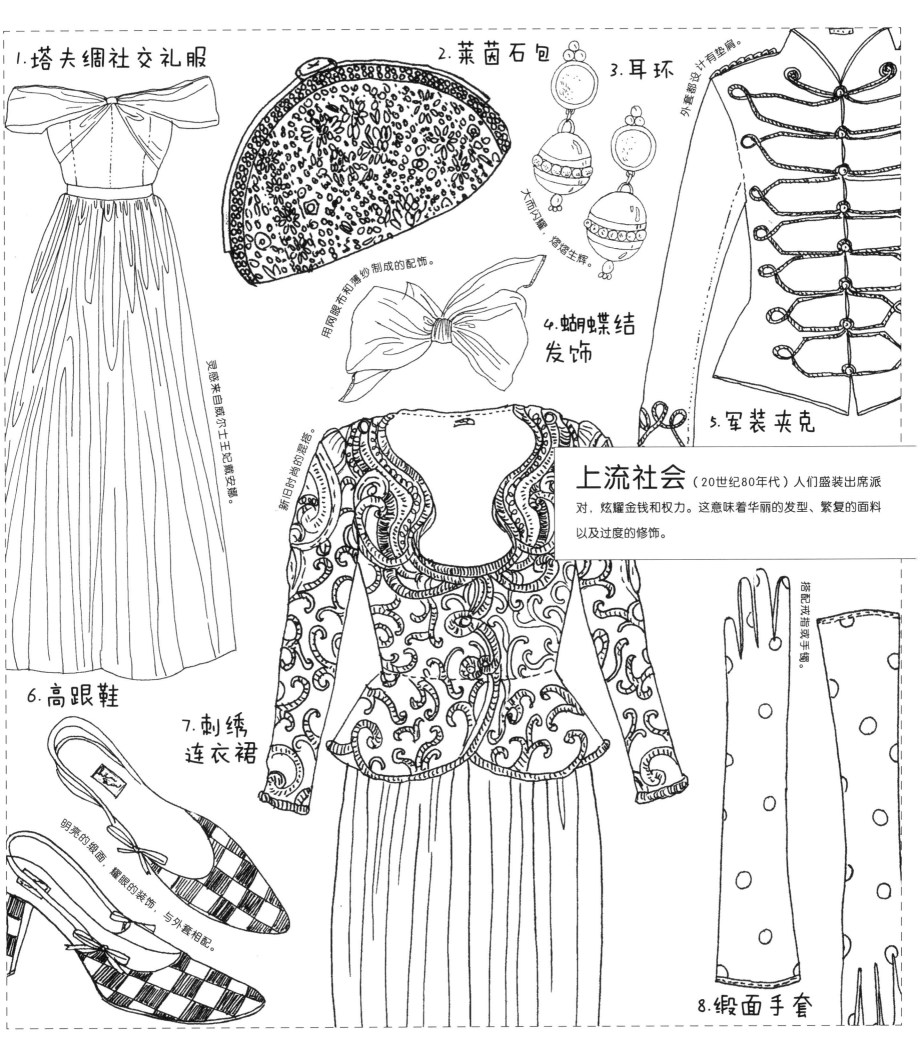

1. 塔夫绸社交礼服

2. 莱茵石包

3. 耳环

4. 蝴蝶结发饰

5. 军装夹克

6. 高跟鞋

7. 刺绣连衣裙

8. 缎面手套

灵感来自威尔士王妃戴安娜。

用网眼布和薄纱制成的配饰。

大而闪耀，熠熠生辉。

外套部设计有垫肩。

新旧时尚的混搭。

明亮的缎面，耀眼的装饰，与外套相配。

搭配戒指或手镯。

上流社会（20世纪80年代）人们盛装出席派对，炫耀金钱和权力。这意味着华丽的发型、繁复的面料以及过度的修饰。

1. 塔夫绸社交礼服

威尔士王妃戴安娜以她的无限活力和大胆的精神影响了时尚潮流。她身穿低领晚礼服参加皇家舞会，露出肩膀，女士们争相效仿，也穿上了配有大蝴蝶结的真丝塔夫绸连衣裙。

2. 莱茵石包

配饰被装点得分外华丽，就像这款奢华的包包，表面布满莱茵石。有些包包的形状更加华而不实，比如玫瑰花造型的手包。

3. 耳环

巨大的黄金色耳环上布满了闪亮的宝石和珍珠，与垫肩套装、夸张的发型相得益彰，并且将人们的注意力集中到脸上。不在乎宝石的真假与否，只要它光彩夺目。

4. 蝴蝶结发饰

用网眼布和薄纱制作的大蝴蝶结发饰是整个造型的点睛之笔。年轻女孩学习明星麦当娜（Madonna）的装扮，将蝴蝶结系在夸张的卷发上。

5. 军装夹克

所有服装都能加上垫肩，女性喜欢用这种方式改善外形曲线，使自己看上去冷艳、强势。这款垫肩夹克还带有金色的军装式绲边。

6. 高跟鞋

戴安娜王妃引发了鞋跟相对较低的高跟鞋热潮。色彩亮丽的鞋面上有着花哨的金色装饰，与外套相配，尖头鞋尽显出了职业女性的强势。

7. 刺绣连衣裙

设计师从过去的时尚中汲取灵感。这款量身定制的刺绣连衣裙有着复古的款式，而亮粉色、绿色、紫色、橙色等丰富的色彩是20世纪80年代的特征，古今时尚碰撞出新的火花。

8. 缎面手套

女人们收看美国电视连续剧时，会观察富裕家庭的衣着，争相仿效她们最爱的明星的打扮。夜晚，她们会戴上缎面长手套，配上夸张的金戒指和手镯。

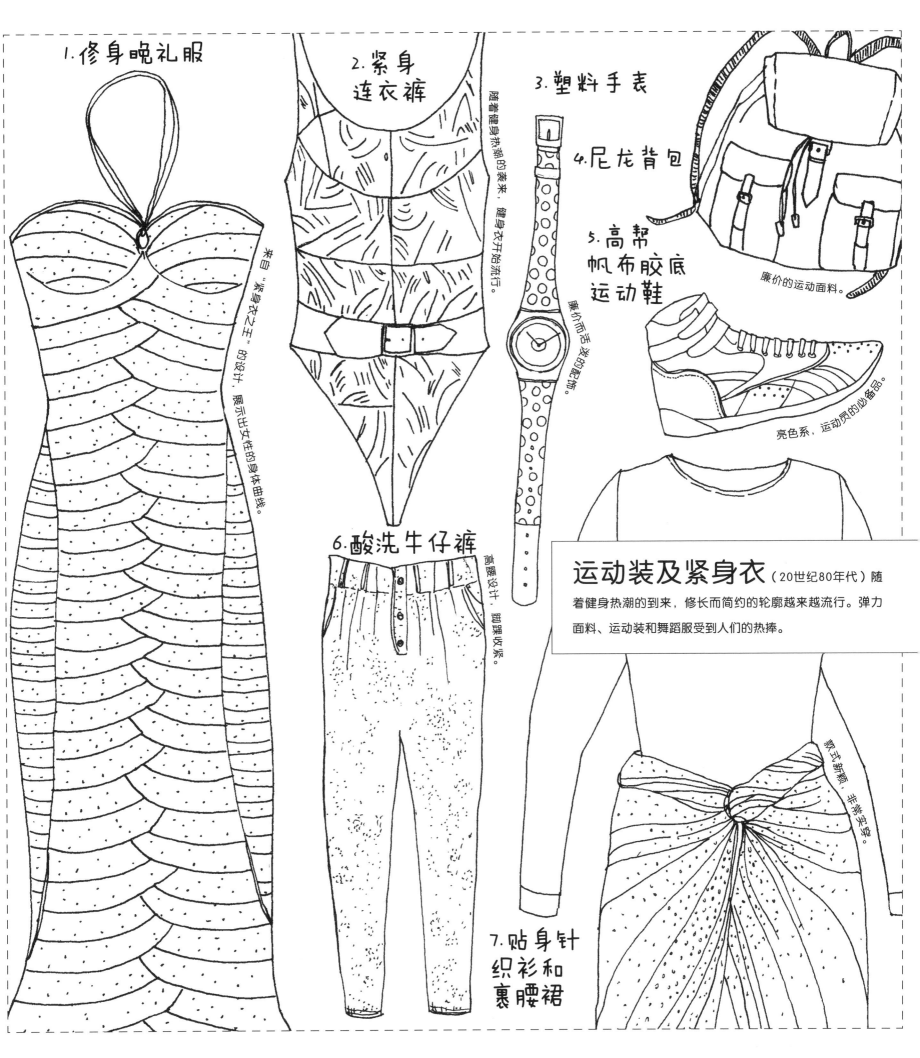

1. 修身晚礼服

2. 紧身连衣裤

3. 塑料手表

4. 尼龙背包

5. 高帮帆布胶底运动鞋

6. 酸洗牛仔裤

7. 贴身针织衫和裹腰裙

来自"紧身衣之王"的设计，展示出女性的身体曲线。

随着健身热潮的到来，健身衣开始流行。

廉价而活泼的配饰。

廉价的运动面料。

亮色系，运动员的必备品。

高腰设计，脚踝收紧。

款式新颖，非常实穿。

运动装及紧身衣（20世纪80年代）随着健身热潮的到来，修长而简约的轮廓越来越流行。弹力面料、运动装和舞蹈服受到人们的热捧。

1. 修身晚礼服

设计师阿瑟丁·阿拉亚（Azzedine Alaia）被称为"紧身衣之王"。他设计的连衣裙紧紧地贴合身体，能完美地展示出女性的身体曲线。

2. 紧身连衣裤

随着健身热潮来袭，女人们进入健身房，或购买录像带在家锻炼身体。在健身过程中，她们借鉴了自行车短裤的紧身款式和亮丽色彩。

3. 塑料手表

不论是年轻人还是成年人，都喜欢带上有趣的、印有爵士乐图案的塑料手表。人们会购买各种不同的塑料手表，用来搭配衣服。限量版手表受到热烈的追捧。

4. 尼龙背包

时尚先锋普拉达（Prada）将廉价的运动面料提升到高端时尚的地位，设计了一系列尼龙背包。与"普通"的背包或手袋不同，尼龙背包被当成可爱的配饰。

5. 高帮帆布胶底运动鞋

青年人喜欢通过电视收看热门的音乐录影带，模仿时尚明星或嘻哈明星的打扮，于是色彩鲜艳的高帮帆布鞋成了必备的时尚单品。

6. 酸洗牛仔裤

酸洗牛仔裤通过漂白剂创造出做旧的效果，在20世纪80年代十分流行。高腰小脚牛仔裤是当时最流行的款式。卡尔文·克莱恩（Calvin Klein）等设计师创作了一系列价格适中的牛仔裤。

7. 贴身针织衫和裹腰裙

这款一件式针织衫，革命性地将女性的服装变得更易穿着。上身看上去像T恤或女式衬衫，在腿部收紧。这款针织衫通常用来搭配裹腰裙。

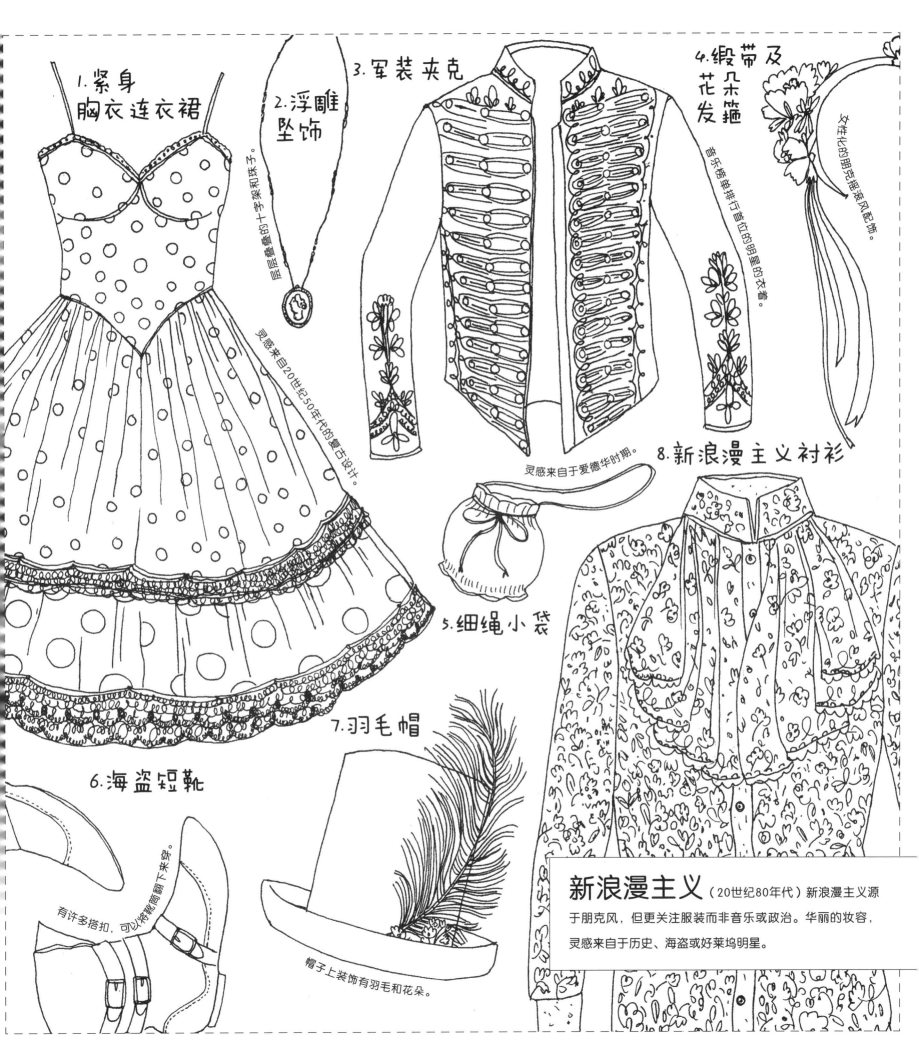

1.紧身
胸衣连衣裙

2.浮雕
坠饰

层层叠叠的十字架和珠子。

灵感来自20世纪50年代的复古设计。

3.军装夹克

音乐榜单排行首位的明星的衣着。

灵感来自于爱德华时期。

4.缎带及
花朵
发箍

女性化的朋克摇滚风配饰。

5.细绳小袋

6.海盗短靴

有许多搭扣，可以将靴高翻下来等。

7.羽毛帽

帽子上装饰有羽毛和花朵。

8.新浪漫主义衬衫

新浪漫主义（20世纪80年代）新浪漫主义源于朋克风，但更关注服装而非音乐或政治。华丽的妆容，灵感来自于历史、海盗或好莱坞明星。

1. 紧身胸衣连衣裙

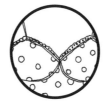

女士们从二手服装店里买来古着，制成折中的、独特的、充满女人味的款式，从而又燃起了20世纪50年代波点裙的风潮，蛋糕裙加上褶皱，甚为流行。

2. 浮雕坠饰

人们将深色的石珠子、褪色的金色十字项链、维多利亚挂坠层层叠叠地戴在一起。不论男女都会叠戴上这种项链，再配上深色的眼影和酒红色的唇彩。

3. 军装夹克

新浪漫主义流行乐队，比如：Adam & The Ants，让这一风格走入时尚主流。服装灵感来自于装饰着金色编织带、扣子和刺绣的海军夹克。

4. 缎带及花朵发箍

男性留起了长发，编成发绺，而女性则戴上少女般的蝴蝶结、缎带或花朵发箍。这些可爱的饰品与深色的朋克妆容形成鲜明对比。

5. 细绳小袋

时尚产业为新浪漫主义的独特风格提供了大量的灵感。这款细绳小袋看上去与爱德华时代的风格极其相似。

6. 海盗短靴

这款棕褐色系扣皮靴的灵感来自于薇薇安·韦斯特伍德的T台秀。新浪漫主义者喜欢扮成海盗，穿着飘逸的衬衫，戴着大大的帽子，流露出仗势凌人的气质。

7. 羽毛帽

新浪漫主义者喜欢将人们的视线吸引到自己身上，让自己在夜晚的酒吧中脱颖而出。高耸的帽子装饰有珍禽的羽毛和珍稀的花卉。

8. 新浪漫主义衬衫

这款长袖衬衫看上去十分华丽、浪漫、飘逸，其灵感来自于海盗传说。布满褶皱的袖子和领口，使其看上去更像是舞台的演出服。

1.羽毛围巾

涂上红层，带着羽毛围巾去迪斯科舞厅吧。

2.充气背包

独特、有趣的时尚背包。

3.蕾丝娃娃连衣裙

这种迷你裙至今依然流行。

4.短项链

层层叠叠的挂坠及项链。

5.上衣和裙子套装

为充满抱负的年轻女性设计的女权主义服装。

6.橡胶鞋

闪亮的鞋跟，搭配长袜。

7.颈后系扣的露腹背心

印肖象征符号。

女孩力量（20世纪90年代）受到流行音乐和电影的影响，新一代充满抱负、自信的年轻女性喜爱有趣的、女性化的时装，比如：可爱的裙子、充气背包。

1. 羽毛围巾 ....

去迪斯科舞厅或派对时，女孩们穿着娃娃裙，戴着华丽的人造皮毛或羽毛围巾，最后画龙点睛地涂上深红色的唇膏。

2. 充气背包 ....

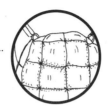

塑料充气背包是一种有趣的时尚，专为青少年和年轻女孩设计，用来装一些小玩意儿，比如：个人CD播放器等。半透明的设计让所有人都能看到包里装了些什么。

3. 蕾丝娃娃连衣裙 ....

迷你连衣裙曾经在20世纪60年代后无所畏惧的年轻女性中流行过，而到了20世纪90年代，年轻人穿上由蕾丝和粉色缎面制成的短款娃娃连衣裙。系带裙配白色T恤成为新的校园潮流。

4. 短项链 ....

环形塑料项链搭配月亮坠饰和绳子项链，仿佛是文身。年轻女孩的珠宝都是廉价的、有趣的、引人注目的。

5. 上衣和裙子套装 ....

"女孩力量"成为本世纪的主题，诸如辣妹组合（The Spice Girls）等流行乐队，彰显了独立的年轻女性正在追寻她们的梦想。充满理想的女孩们穿上了浅色系的成人套装，搭配迷你超短裙。

6. 橡胶鞋 ....

橡胶鞋的灵感来自儿童服饰。20世纪90年代，五彩缤纷的橡胶鞋对时尚产业带了巨大的冲击。人们会穿上蕾丝短袜，避免橡胶直接碰触皮肤。

7. 颈后系扣的露腹背心 ....

占星术中的象征符号被运用到服装上，印有月亮和星星的露腹背心开始流行。露出腰部的服装，以及纤细的肚皮舞腰链或其他肚皮舞饰品，在年轻人中越来越流行。

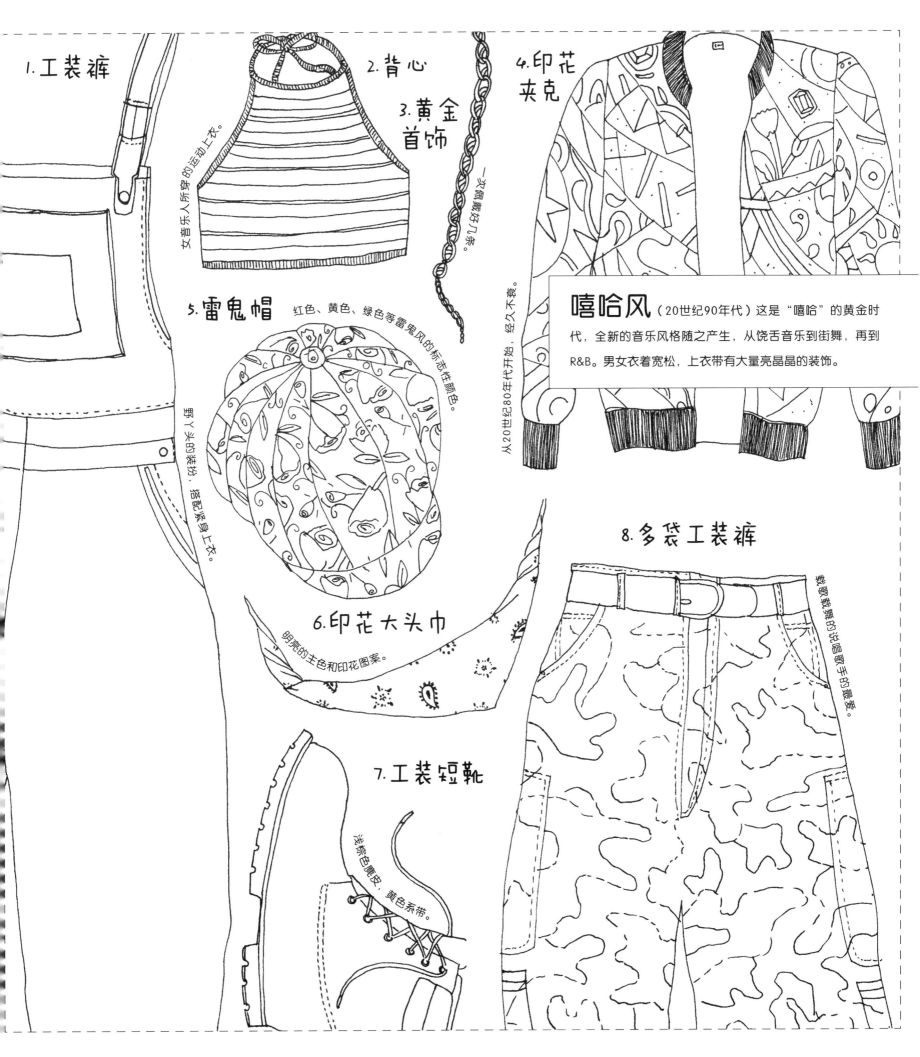

1.工装裤

2.背心

女音乐人所穿的运动上衣。

3.黄金首饰

一次佩戴好几条。

从20世纪80年代开始，经久不衰。

4.印花夹克

5.雷鬼帽

红色、黄色、绿色等雷鬼风的标志性颜色。

野丫头的装扮，搭配紧身上衣。

6.印花大头巾

明亮的主色和印花图案。

嘻哈风（20世纪90年代）这是"嘻哈"的黄金时代，全新的音乐风格随之产生，从饶舌音乐到街舞，再到R&B。男女衣着宽松，上衣带有大量亮晶晶的装饰。

7.工装短靴

浅棕色磨皮，黄色系带。

8.多袋工装裤

载歌载舞的说唱歌手的最爱。

1. 工装裤

JLC等女性嘻哈组合在紧身上衣外搭配工装裤，显示出女性化不只有女孩子可爱的一面，这种着装风格影响了她们的粉丝。

2. 背心

美国品牌汤米·希尔费格（Tommy Hilfiger）通过艾丽娅（Aaliyah）等R&B明星进行时尚营销，很快红蓝白的衣服成为嘻哈服饰的代表。女士们穿上运动款背心和宽松的长裤。

3. 黄金首饰

如果没有一两条厚重的名牌黄金首饰或戴在指上的金戒指，那么嘻哈艺人的形象是不完整的。时尚设计师开始借鉴嘻哈风，比如香奈儿。

4. 印花夹克

20世纪80年代，花哨的印花图案始终在时尚界占有一席之地。威尔·史密斯（Will Smith）和JLC等流行歌手们穿上夹克衫，配上白色T恤，以突显夹克上的印花。

5. 雷鬼帽

嘻哈风从雷鬼风中汲取灵感，当时的音乐家们总是戴着超大的帽子，帽子上有黄色、红色、绿色或黑色的条纹。嘻哈风的盛行让雷鬼风也重回主流。

6. 印花大头巾

女性音乐家系着印有佩斯利花纹（Paisley）的大头巾，有时将头巾如同海盗般系在脑后，有时折成细条打结固定。她们的歌迷争相仿效她们的装扮。

7. 工装短靴

20世纪90年代，男女的嘻哈风格截然不同，而浅棕色麂皮制成的蕾丝工装短靴是男女皆宜的，就连当今的年轻人也爱穿。

8. 多袋工装裤

MC Hammer等嘻哈舞者总是穿着阔腿工装裤，裤子上有工装条纹和大口袋。嘻哈女星也会穿多袋工装裤，尤其是色彩鲜亮的缎面工装裤。

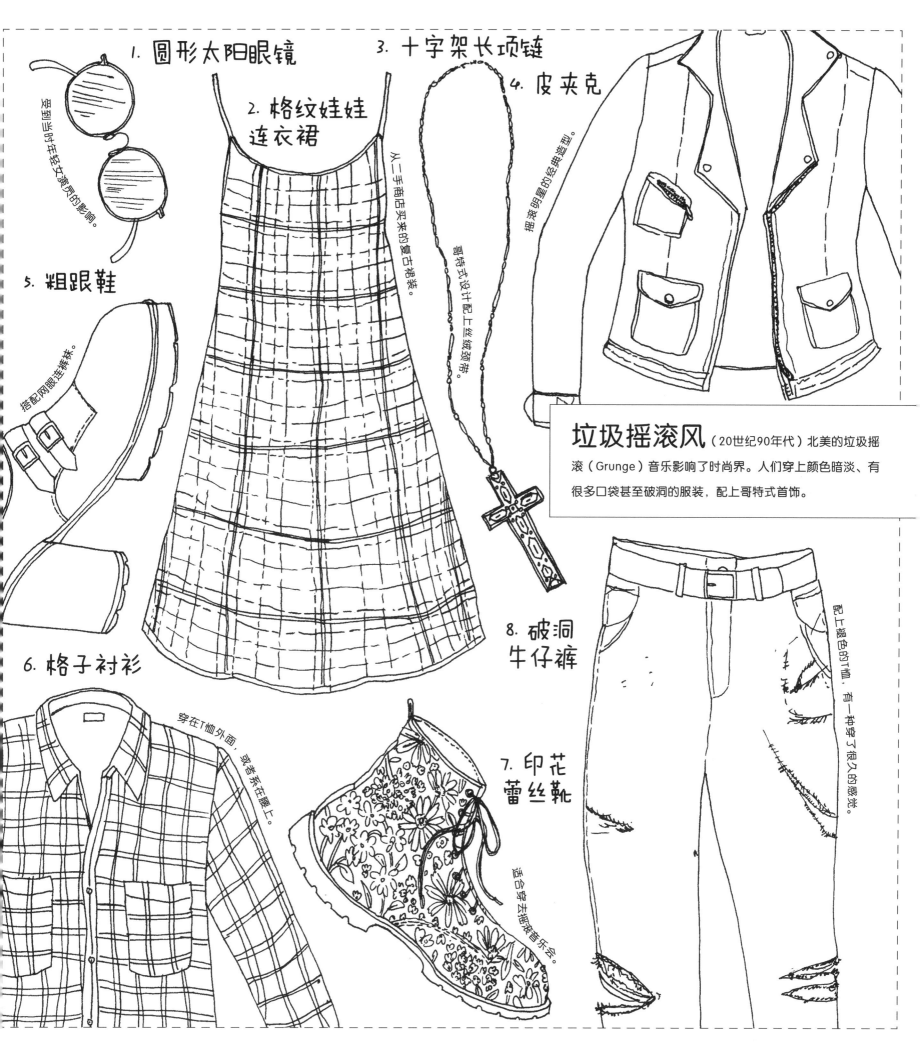

1. 圆形太阳眼镜

受到当年年轻女演员的影响。

2. 格纹娃娃连衣裙

从二手商店买来的复古裙装。

3. 十字架长项链

哥特式设计配上丝绒颈带。

4. 皮夹克

摇滚明星的经典造型。

5. 粗跟鞋

搭配网眼连裤袜。

6. 格子衬衫

穿在T恤外面，或者系在腰上。

7. 印花蕾丝靴

适合穿去摇滚音乐会。

8. 破洞牛仔裤

配上褪色的T恤，有一种穿了很久的感觉。

垃圾摇滚风（20世纪90年代）北美的垃圾摇滚（Grunge）音乐影响了时尚界。人们穿上颜色暗淡、有很多口袋甚至破洞的服装，配上哥特式首饰。

1. 圆形太阳镜

德鲁·巴里摩尔（Drew Barrymore）等女演员中流行佩戴圆形的太阳镜。其中最著名的当属Nirvana乐队的摇滚乐手科特·柯本（Kurt Cobain），他总是戴着白色圆形镜框的太阳镜。

2. 格纹娃娃连衣裙

摇滚音乐人科特妮·洛芙（Courtney Love）掀起了一股娃娃连衣裙的热潮，人们从二手商店里或古董店里购买这种裙子。水洗印花或格纹图案的系带迷你裙是当时非常流行的款式。

3. 十字架长项链

哥特式十字架挂坠、繁复的银质饰品，挂在长链条上，搭配以黑色天鹅绒颈带。这些元素开始出现在时尚杂志中，受到年轻人的喜爱。

4. 皮夹克

这款皮夹克借鉴了摇滚明星的经典造型。在年轻人的衣橱里皮夹克是必需品，年轻人会买二手的皮夹克，里面搭配与之相衬的面料，如法兰绒、牛仔等。

5. 粗跟鞋

如果不跳爵士舞，年轻的女孩们会穿上粗跟鞋，搭配网眼连裤袜和苏格兰短裙。

6. 格子衬衫

格子法兰绒衬衫是造型的亮点，搭配开领T恤或在腰部打个结。这款衬衫的灵感来自伐木工的制服，属于美式风格（垃圾摇滚风的起源地）。

7. 印花蕾丝靴

朋克风的蕾丝皮制军靴受到摇滚乐迷的追捧，继而成为了参加摇滚音乐会的完美鞋履。年轻女孩穿上印花靴，与男性化的风格形成独特的对比。

8. 破洞牛仔裤

垃圾摇滚风不仅仅反对时尚，而是没有时尚。脏兮兮的、舒适的、褪色的T恤与破洞牛仔裤搭配。随着这一风格逐渐被纳入主流，商店里开始售卖破洞牛仔裤。

1. 平底芭蕾鞋

多种颜色可供选择，其中裸色最受欢迎。

2. 报童帽

由灯芯绒或牛仔布制成。

3. 乡村夹克

由有防水涂层的布料制成。

波西米亚风（21世纪）波西米亚风盛行：美丽的印花图案、梦幻般的项链，再配上一双合适的鞋子或夹克，适合任何季节！

4. 复古下午茶连衣裙

灵感来自于20世纪40年代的复古印花连衣裙。

模仿20世纪70年代的嬉皮风。

5. 长流苏项链

6. 防水橡胶靴

实用的防水橡胶靴成为时尚配饰。

7. 乡村蛋糕裙

常搭配宽腰带。

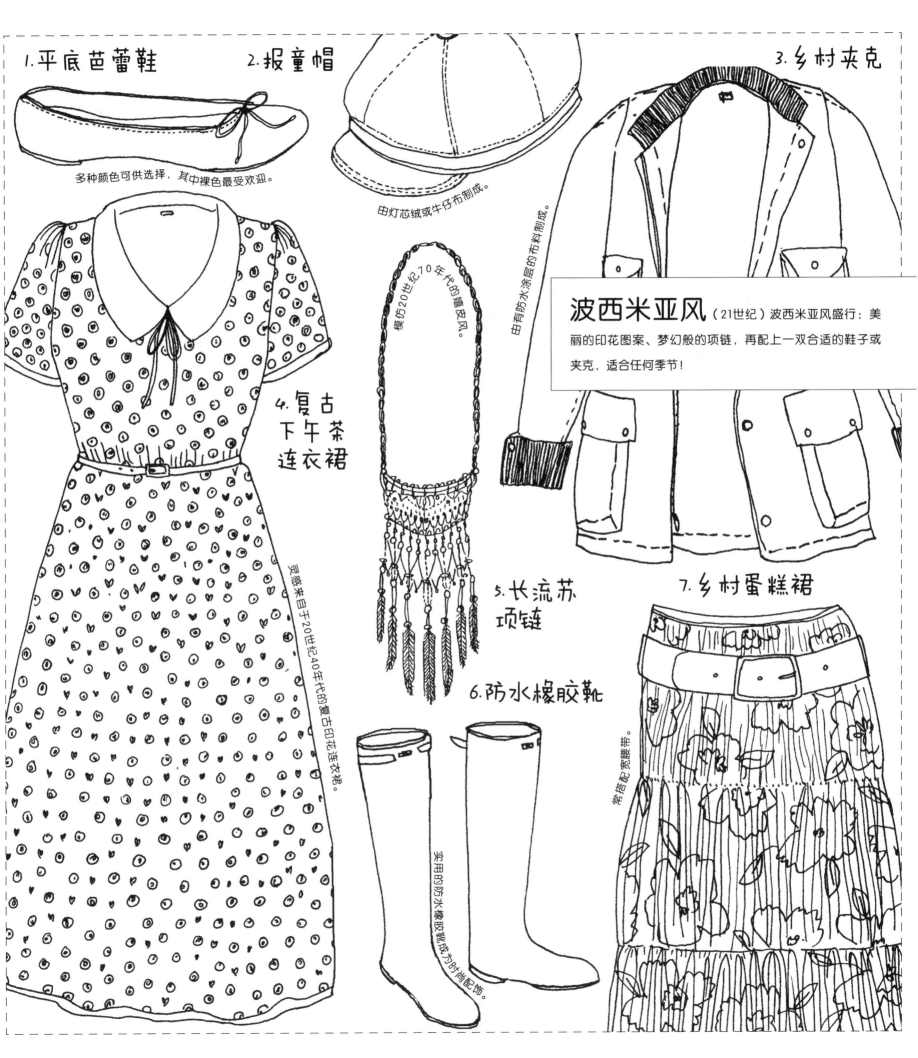

1. 平底芭蕾鞋 ⋯⋯⋯⋯⋯⋯⋯

喜欢波西米亚风的人们不会穿上惠灵顿高筒靴参加庆典，而是选择各种款式的平底鞋。其中，裸色的芭蕾鞋最为流行。夏季，世界各地的女性都爱穿上各类款式的、舒适的芭蕾鞋。

2. 报童帽 ⋯⋯⋯⋯⋯⋯⋯⋯

起初，报童帽是卖报纸的小男孩们戴的，而在21世纪初，报童帽作为女性的复古时尚配饰再次出现，尤其是灯芯绒和牛仔材质的帽子十分流行。

3. 乡村夹克 ⋯⋯⋯⋯⋯⋯⋯

与惠灵顿高筒靴如出一辙，英国夏日潮湿的天气掀起了乡村夹克的热潮。卡其色或黑色的防水涂层夹克，加上独特的细节，比如：格子衬里或灯芯绒领口。

4. 复古下午茶连衣裙 ⋯⋯⋯

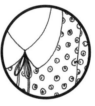

女士们喜爱模仿杂志里的时尚款式，比如：凯特·慕斯（Kate Moss）穿着的20世纪40年代的复古印花连衣裙。新的时尚潮流席卷而来，商店里马上推出价格适中的高街模仿版，这就是所谓的"快时尚"。

5. 长流苏项链 ⋯⋯⋯⋯⋯⋯

人们穿着吉卜赛连衣裙，配上刺绣罩衫和麂皮马甲，再戴上长流苏项链，模仿20世纪70年代的嬉皮士风格。这些长流苏项链由人造材料批量生产而成。

6. 防水橡胶靴 ⋯⋯⋯⋯⋯⋯

音乐节上，名人们穿着惠灵顿高筒靴配上牛仔热裤或紧身牛仔裤的形象被拍摄下来，这款实用的防水橡胶靴成为时尚配饰。

7. 乡村蛋糕裙 ⋯⋯⋯⋯⋯⋯

女演员西耶娜·米勒（Sienna Miller）以经常穿着波西米亚风服装为特色。她被拍到身穿飘逸的吉卜赛裙赶赴2004年的一场活动。一时间，棉质蛋糕裙风靡大街小巷。

1. 蝴蝶结
手提包

女性化的手提包。因电视节目而流行。

2. 挂脖
连衣裙

3. 印花
坡跟
软木鞋

坡跟上印有独特的航海图案，如燕子和心形。

4. 发饰

5. 樱桃
首饰

樱桃是常见的摇滚乐主题。

6. 方格棉布
头巾

源于20世纪50年代的青少年时尚。

7. 心形太阳镜

由塑料制成，造型有趣，颜色亮丽。

挂脖短款棉布背心。

有各种印花和颜色，可供选择。

8. 背心和裙子

乡村摇滚风

（21世纪）乡村摇滚风不仅是高街时尚，其衣着、发型以及妆容的复古风范更是深受人们的喜爱，尤其是钟爱20世纪50年代风格的人们。

1. 蝴蝶结手提包

《广告狂人》（Mad Men）是21世纪风靡一时的美国电视连续剧。该剧取材于20世纪50年代纽约的生活，它使得复古风重新成为时尚主流。造型独特的淑女手提包是当时的流行款，包上配有蝴蝶结。

2. 挂脖连衣裙

20世纪50年代的印花裙被重新改造成各种不同的印花和颜色，从格纹到波点，人们都可以从网上买到。

3. 印花坡跟软木鞋

印花坡跟软木鞋的灵感源自经典的航海风，燕子或心形等文身图案在男女摇滚迷中都十分流行。这些复古的、带有文身图案的坡跟软木鞋也跟着流行起来。

4. 发饰

舞蹈家蒂塔·万提斯（Dita Von Teese）以复古风的装扮而闻名，比如：用大花发饰来搭配卷发。其灵感部分源自20世纪40年代的时尚风格，展示了现代时尚与历史的融合。

5. 樱桃首饰

红樱桃是现代乡村摇滚的主题元素，就连露背连衣裙上也能看到红樱桃的影子。这款挂坠就采用了红樱桃的造型。

6. 方格棉布头巾

乡村摇滚风从早期的20世纪50年代的青少年时尚中汲取灵感，比如这款鲜红色的格纹棉布头巾，配上深色的卷发、红色的唇膏和深色的眼影，就更完美了。

7. 心形太阳眼镜

这一时期的年轻人喜爱"独立摇滚"，色彩艳丽的塑料太阳眼镜在他们中间十分流行。可爱的心形款式也从中找到了立足之地，尽管它并不真正属于20世纪50年代。

8. 背心和裙子

挂脖短款背心是20世纪50年代标志性的款式之一。现代乡村摇滚女歌手常常穿上挂脖背心，搭配伞裙或衬裙。

2.比基尼

3.针织
背心

手工针织上衣是有趣的夏季装扮。

阿兹台克图案、流苏、扎染。

灵感来自于20世纪70年代的嬉皮士喇叭裤。

4.花卉
太阳眼镜

装饰有立体的塑料花。

头戴金色的宝石。

7.链条发饰

1.印花喇叭裤

来自印度的足饰。

5.赤脚
凉鞋

节庆时的舞蹈服，带有流苏，显得时髦而奢华。

6.流苏
和服

鲜花王冠及流苏（21世纪）时尚人士在社交媒体上发布新的妆容，或在网络上探讨时尚史，时尚潮流以前所未有的速度在全球范围内传播。

1.印花喇叭裤

喜欢参加节日游行的时尚弄潮儿们模仿20世纪70年代的嬉皮风，穿着印有闪亮图案的大地色背心，戴上宽边帽，仿佛是要踏上一场探险之旅。

2.比基尼

去西班牙伊维萨岛等地度假，或者参加美国科切拉音乐节时，比基尼是必不可少的装扮。色彩鲜艳的阿兹台克图案、流苏以及扎染均为当时的流行元素。

3.针织背心

夏天，针织背心是年轻人的时尚衣着。他们有的从网上购买别人手工编织的背心，有的从名品店购买各种颜色的高街款。

4.花卉太阳眼镜

太阳眼镜不再只是改变镜框的颜色，而是在其上装饰有立体的塑料花，以及其他有趣的夏日元素，比如：火烈鸟和棕榈树。独特的造型，夺人眼球。

5.赤脚凉鞋

脚链的灵感源于印度首饰。脚链与趾环相连，加上珠链，好似一双赤脚凉鞋。这款赤脚凉鞋由绿松石、叶片装饰和佩斯利图案组成。

6.流苏和服

爱德华时代，人们穿上印有日本传统图案的长款和服，散发着神秘的东方魅力。如今，人们把和服当作夏日的宽松服装，并饰以飘逸的长流苏。

7.链条发饰

用黄金或珍贵的宝石制成的精致发饰，从21世纪早期的波西米亚风发展而来，灵感源自传统的印度首饰。人们通常在节日时佩戴。

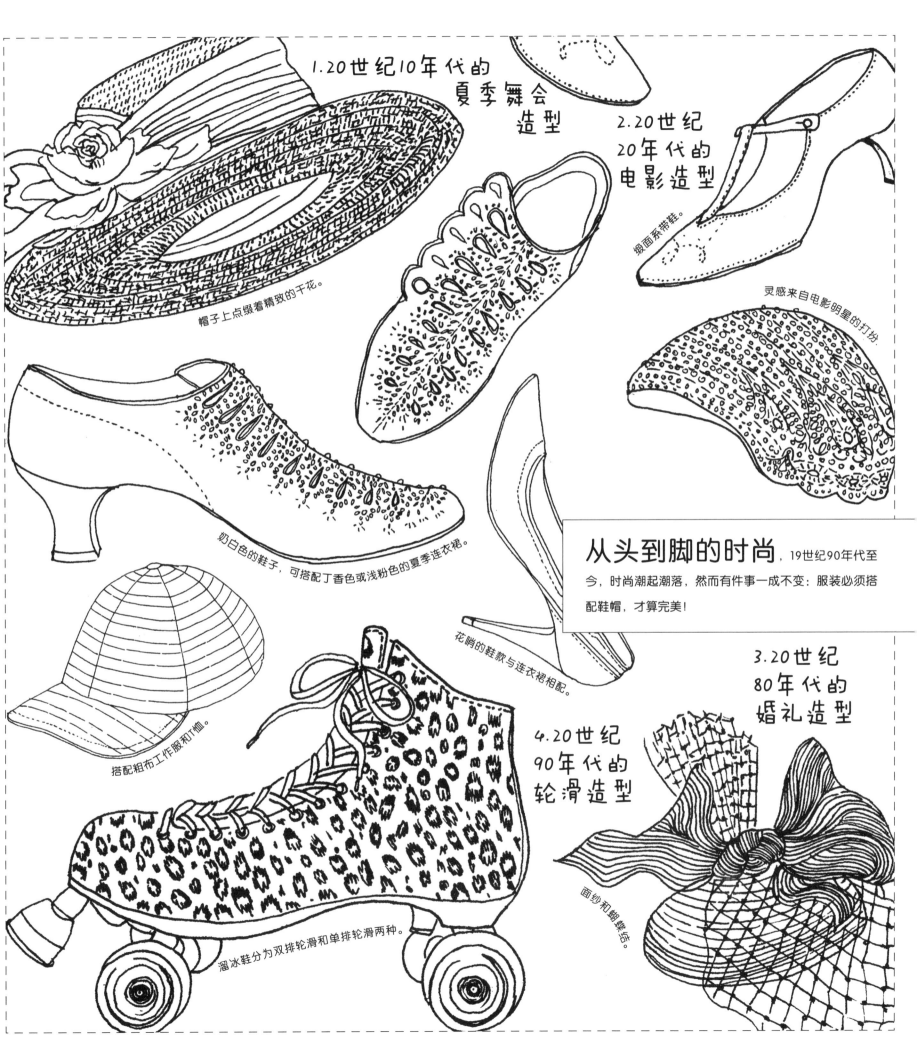

1. 20世纪10年代的
夏季舞会
造型

2. 20世纪
20年代的
电影造型

缎面系带鞋。

灵感来自电影明星的打扮。

帽子上点缀着精致的干花。

奶白色的鞋子，可搭配丁香色或浅粉色的夏季连衣裙。

从头到脚的时尚
19世纪90年代至今，时尚潮起潮落，然而有件事一成不变：服装必须搭配鞋帽，才算完美！

花哨的鞋款与连衣裙相配。

3. 20世纪
80年代的
婚礼造型

4. 20世纪
90年代的
轮滑造型

搭配粗布工作服和T恤。

溜冰鞋分为双排轮滑和单排轮滑两种。

面纱和蝴蝶结。

1. 20世纪10年代的夏季舞会造型

爱德华时代是和平时期。休闲的花园派对中，宾客们玩起了草地高尔夫，一边晒太阳，一边举行社交活动。淑女们戴上浅色的草帽，帽子上装饰着精致的干花。

长长的夏日连衣裙，色彩柔和，通常为浅紫色、粉色或奶白色，适宜搭配浅色鞋。有装饰扣的低跟尖头鞋是当时最流行的鞋款。

2. 20世纪20年代的电影造型

20世纪20年代只有无声的黑白电影，由钢琴师来配音。首部彩色电影于1929年上映。传奇女星葛丽泰·嘉宝（Greta Garbo）是钟形帽的拥趸者之一。

随着电影画质的提升，上流社会的社交活动开始从歌剧院或戏剧院逐步转向了电影院。鞋子的灵感来自舞鞋，脚背上有T字形缎带。

3. 20世纪80年代的婚礼造型

婚礼是展示20世纪80年代华丽风格的最佳场合。艳丽的色彩、大大的垫肩以及帽子是必不可少的元素。人们常用面纱和大蝴蝶结来搭配夸张华丽的发型。

戴安娜王妃是当时的时尚偶像，她穿着塔夫绸套装，搭配她最爱的绯红色宫廷鞋，参加上流社会的婚礼。这款造型令各国女性争相效仿。

4. 20世纪90年代的轮滑造型

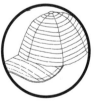

20世纪90年代，欧洲和美国的年轻人穿上轮滑，成群结队地在大街小巷中穿行。他们通常穿着亮丽、宽松的服装，将棒球帽反戴。

轮滑在20世纪90年代风靡一时，还要归功于直排轮滑的诞生，它提升了滑行速度。其他轮滑爱好者则穿着传统的颜色对比强烈的双排轮滑。